国家级职业教育规划教材

人力资源和社会保障部职业能力建设司推荐

QUANGUO ZHONGDENG ZHIYE JISHU XUEXIAO JIANZHULEI ZHUANYE JIAOCAI

全国中等职业技术学校建筑类专业教材

建筑工程测量

（第二版）

人力资源和社会保障部教材办公室组织编写

田改儒　主编

项国平　主审

U0224781

中国劳动社会保障出版社

简介

本教材按照由简单测量到复杂测量、由低精度测量到高精度测量的顺序组织教学内容，采用教、学、做结合，理论实践一体化的教学模式，通过技能训练培养学生的实际操作能力。教材首先介绍了测量基础知识，然后重点讲述了建筑控制测量、建筑施工测量、建筑物沉降观测与竣工测量，以及现代测量仪器的使用，教材还介绍了地形图的基本知识及应用，供有需要的学生选学。

本教材由田改儒任主编，支立宅、朱叶、李志欣、李琳、卢鹏、王梦媛、卢立军、赵子豪、支一帆、胡亚雄参加编写，项国平任主审。

图书在版编目（CIP）数据

建筑工程测量/田改儒主编. —2 版. —北京：中国劳动社会保障出版社，2015

全国中等职业技术学校建筑类专业教材

ISBN 978－7－5167－1553－6

I.①建… II.①田… III.①建筑测量-中等专业学校-教材 IV.①TU198

中国版本图书馆 CIP 数据核字（2015）第 024484 号

中国劳动社会保障出版社出版发行

（北京市惠新东街 1 号 邮政编码：100029）

*

三河市华骏印务包装有限公司印刷装订 新华书店经销

787 毫米×1092 毫米 16 开本 12.75 印张 277 千字

2015 年 3 月第 2 版 2024 年 5 月第 13 次印刷

定价：23.00 元

营销中心电话：400－606－6496

出版社网址：http://www.class.com.cn

http://jg.class.com.cn

出 版 说 明

　　本套教材共计 27 种，分为"建筑施工""建筑设备安装"和"建筑装饰"三个专业方向。教材的编审人员由教学经验丰富、实践能力强的一线骨干教师和来自企业的专家组成，在对当前建筑行业技能型人才需求及学校教学实际调研和分析的基础上，进一步完善了教材体系，更新了教材内容，调整了表现形式，丰富了配套资源。

　　教材体系　补充开发了《建筑装饰工程计量与计价》《建筑装饰材料》《建筑装饰设备安装》等教材；将《建筑施工工艺》与《建筑施工工艺操作技能手册》合并为《建筑施工工艺与技能训练》。调整后，教材体系更加合理和完善，更加贴近岗位与教学实际。

　　教材内容　根据建筑行业的发展和最新行业标准，更新了教材内容。按照目前行业通行做法，将"建筑预算与管理"的内容更新为"建筑工程计量与计价"；为重点培养学生快速表现技法能力，将"建筑装饰效果图表现技法"的内容更新为"室内设计手绘快速表现"；《室内效果图电脑制作（第二版）》，以 3DS MAX 10.0 版本作为教学软件载体；新材料、新设备在相关教材中也得到了体现。

　　表现形式　根据教学需要增加了大量来源于生产、生活实际的案例、实例、例题以及练习题，引导学生运用所学知识分析和解决实际问题；加强了图片、表格的运用，营造出更加直观的认知环境；设置了"想一想""知识拓展"等栏目，引导学生自主学习。

　　配套资源　同步修订了配套习题册；补充开发了与教材配套的电子课件，可登录 www.class.com.cn 在相应的书目下载。

目　录

（加"*"的为选学内容）

第一章 测量基础知识

学习目标

初步认识建筑工程测量的概念、原则和程序；掌握地面点位的确定方法。熟悉水准仪的构造、使用方法、检验方法及校正方法；掌握水准测量的外业、内业工作。了解水平角、竖直角的概念；熟悉经纬仪的构造；掌握角度测量方法；认识距离测量的工具，熟悉钢尺量距的一般方法；了解视距测量及罗盘仪的使用。

建筑工程测量是工业与民用建筑施工中一项不可缺少的工作，贯穿于整个施工过程，直接影响到工程的质量和精度。本章讲述了水准测量的基本原理和测量方法、利用经纬仪测量角度的方法，以及直线的定线和量距的方法。

第一节 测 量 概 述

一、测量学与建筑工程测量

1. 测量学

测量学是研究三维空间中各种物体的形状、大小、位置、方向及其分布的学科，包括测定和测设两个部分。

测定是指使用测量仪器和工具，通过测量和计算，得到一系列测量数据，把地球表面的地形缩绘成地形图，供经济建设、规划设计、科学研究和国防建设使用。测设是指把图样上规划设计好的建筑物、构筑物的位置在地面上标定出来，作为施工的依据。

测定和测设的工作程序和内容相反。前者是把地上的实物测到图纸上，后者是将设计蓝图测到实地上。

测量学按照研究的对象及采用的技术不同，可分为以下几个分支学科：大地测量学、摄影测量与遥感学、地图制图学、海洋测绘学、普通测量学、工程测量学等。工程测量学的内容很广泛，如建筑工程测量、公路测量、铁路测量、矿山测量、水利工程测量等。

2. 建筑工程测量

建筑工程测量是测量学中一个重要的组成部分，其研究对象是民用建筑、工业建筑，也包括道路、管线和桥梁等配套工程。建筑工程测量是在建筑施工过程的各个阶段，利用测量仪器与工具，采用一定的测量技术与方法，根据工程的进度与质量要求而进行的测量工作。建筑工程测量是工业与民用建筑施工中一项不可或缺的工作，贯穿于整个施工过程，直接影响工程的质量和精度。

（1）建筑工程测量的任务

1）建筑物的施工测量。把图样上已设计好的建筑物，按设计要求在现场标定出来，作为施工的依据；配合建筑工程施工，进行各种测量工作，以保证施工质量；开展竣工测量，为工程验收、日后扩建和维修提供资料。具体包括建立施工场地的施工控制网，建筑场地的平整测量，建筑物的定位放线测量、基础工程施工测量、主体工程的施工测量、构件安装时的定位测量和标高测量、施工质量的检验测量、竣工图测量等。

2）建筑物的变形观测。对于一些重要的建筑物，在施工和运营期间，为了确保安全，应定期对建筑物进行变形观测。

3）测绘大比例地形图。把工程建设区域内的各种地面物体的位置和形状，以及地面的起伏状态，依照规定的符号和比例绘成地形图，为工程建设的规划设计提供必要的图样和资料。

建筑工程测量主要完成的是施工阶段测量测设、竣工阶段竣工验收测量及变形观测。

（2）建筑工程测量的作用

建筑工程测量在工程建设中有着不可或缺的作用，主要体现在以下四个方面：

1）建筑用地的选择，道路、管线位置的确定等，都要利用测量所提供的资料和图样进行规划设计。

2）施工阶段需要通过工程测量工作来衔接，配合各项工序的施工，才能保证设计意图的正确执行。

3）竣工后的竣工测量，为工程的验收、日后的扩建、维修管理提供资料。

4）在工程管理阶段，对建筑物进行变形观测，确保工程安全使用。

二、地面点位的确定

1. 地球的形状和大小

地球是一个两极稍扁、赤道略鼓的椭圆形球体，表面高低起伏，有高山、峡谷、丘陵、平原、江河、湖泊、海洋等。地球的最高峰是喜玛拉雅山脉的珠穆朗玛峰，其主峰高达8 844.43 m，最低点是太平洋的马里亚纳海沟，其最深处达11 034 m，地球半径约为6 371 km。

（1）水准面和水平面

人们设想以一个静止不动的海水面延伸穿越陆地，形成一个闭合的曲面包围了整个地球，这个闭合曲面称为水准面。水准面的特点是水准面上任意一点的铅垂线都垂直于该点的曲面。与水准面相切的平面称为水平面。

（2）大地水准面

水准面有无数个，其中与平均海水面相吻合的水准面称为大地水准面，它是测量工作的基准面。由大地水准面所包围的形体称为大地体。

（3）铅垂线

重力的方向线称为铅垂线，它是测量工作的基准线。

（4）地球椭球体

由于地球内部质量分布不均匀，致使大地水准面成为一个有微小起伏的复杂曲面，如图 1—1a 所示。选用地球椭球体来代替地球总的形状。地球椭球体是由椭圆 $NWSE$ 绕其短轴 NS 旋转而成的，又称旋转椭球体，如图 1—1b 所示。在小范围内进行测量工作时，可以用水平面代替大地水准面。

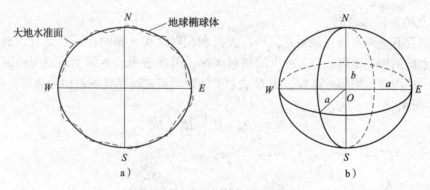

图 1—1　大地水准面与地球椭球体
a）大地水准面　b）地球椭球体

2. 确定地面点位的方法

测量工作的实质是确定地面点的点位，即地面点的空间位置。由于地球表面有高低起伏的变化，所以一般是用地面某点投影到参考曲面上的位置和该点到大地水准面间的铅垂距离（简称高程），来表示该点在地球上的位置。为此，测量上将空间坐标分解成确定点的平面位置坐标系（二维）和高程系（一维）。故地面点是位于三维空间的点，确定地面点位包括确定点的平面位置和高程。

（1）点的平面位置的确定

在建筑工程测量中，一般测区范围都很小（相对于地球来说），实际工作中，可以忽略地球曲率的影响，而将小范围地球表面看成一个平面，这样就可以用平面直角坐标来确定地面点的平面位置。

测量学中的平面直角坐标系与数学上的平面直角坐标系有所不同，如图 1—2 所示，尽量使测区范围内的点都在直角坐标系的第一象限内，点的 x、y 坐标值皆为正值。

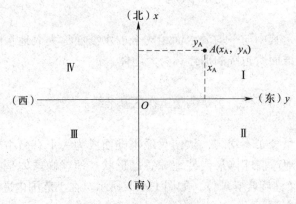

图 1—2　测量坐标

（2）点的高程的确定

点的高程有绝对高程（绝对标高即海拔）和相对高程（相对标高）之分。地面上某点到大地水准面的铅垂距离，称为此点的绝对高程，用 H 表示。地面上某点到假定水准面的铅垂距离，称为此点的相对高程，用 H' 表示。地面两点之间高程的差即为高差，用 h 表示，如图 1—3 所示。

$$h_{AB} = H_B - H_A = H'_B - H'_A$$

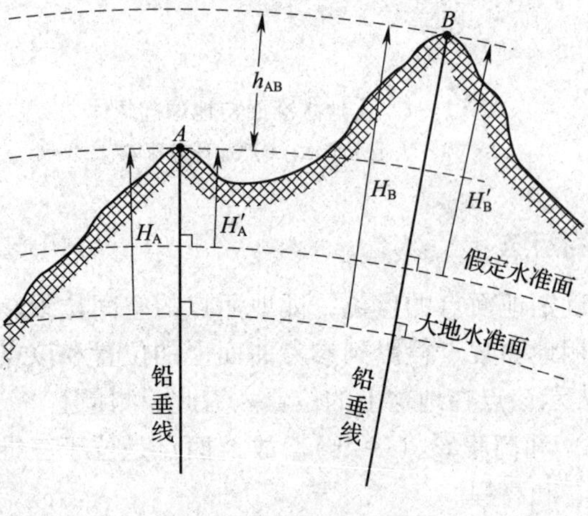

图 1—3　高程和高差

思考

已知某建筑物首层地坪的相对标高为 ±0.000，相当于绝对标高 51.000 m，若层高为 3.000 m，地下室标高为 -2.500 m，求二层地面的绝对标高和地下室地面的绝对标高分别是多少。

知识拓展

青岛原点、大地原点简介

在山东省青岛市的观象山上，有一个面积只有 7.8 m² 的小石屋，中华人民共和国水准原点就位于此屋内，它是一个直径为 4.7 cm 的黄玛瑙球，它的绝对高程为 72.260 4 m，即它比青岛大港 1 号码头验潮站测得的平均海水面高 72.260 4 m。

在我国大陆中部，陕西省泾阳县永乐镇有一六角形塔楼，塔楼地下一层，有一个直径为 2 cm 的红玛瑙，顶面有一个"十"字，其中心点即为中华人民共和国大地原点，它是我国大地坐标的起点。

三、测量基本知识

1. 测量的三项基本工作

测量工作的实质是确定地面点的点位，确定地面点位包括确定点的平面位置和高程。而平面位置需要水平距离和水平角来得到点位 x，y 的坐标值，点与点位之间的位置关系可以通过它们之间的高差、角度和水平距离来确定。因此测量的三项基本工作是：测高程（高差）、测水平角和丈量水平距离。

2. 测量工作的原则与程序

工程测量是一项非常重要的工作，工作中应遵循"从整体到局部，先控制后碎部，高精度控制低精度碎部"的原则。工程测量时，一般应在施工现场测设整体控制网，用较高的精度来控制，在此基础上，再进行局部的测量。

建筑施工测量既应遵循"先外业、后内业"，也应遵循"先内业、后外业"的双向工作程序。

（1）规划设计阶段所采用的地形图，是首先取得野外实地观测资料、数据，然后再进行室内计算、整理、绘制成图，即"先外业，后内业"。

（2）测设阶段是按照施工图上给定的数据、资料，首先在室内计算出测设所需要的放样数据，然后再到施工现场按测设数据把具体的点位放样到施工作业面上，并做出标记，作为施工的依据，因而是"先内业、后外业"的工作程序。

3. 测量工作的注意事项

（1）在建筑施工过程中，测量工作贯穿始终，影响着工程的进度和工程质量。因此测量工作人员必须具有认真负责的工作态度，主动了解工程进展情况，与其他工种工作人员密切配合，及时准确地为施工提供依据。

（2）测量工作是一项科学性很强的工作，要求测量工作人员精心细致，稍有不慎，就可能出现问题，给工作带来麻烦，造成不应有的损失，为保证测量结果的准确，提高精度，减少错误，应加强各项工作的检查与校核工作，不允许弄虚作假，伪造篡改数据。

（3）测量仪器与工具都是较精密、贵重的仪器，它直接影响测量成果的精度，施测人员必须正确、熟练地使用仪器，养成良好的操作习惯。

（4）测量的标志是测量工作的成果，因施工现场条件复杂，人员车辆较多，必须做好标志的保护工作，以免因为标志的破坏而造成返测。

知识拓展

测量学的发展史

"测量"一词来源于希腊词"γηδάιω"，是"土地划分"的意思。古埃及尼罗河每年洪水泛滥，淹没了土地界限，水退后需要重新划界，从而开始了测量工作。

我国是世界文明古国，测绘方法很早就出现，最早可以追溯到 4000 年以前。在《史记·夏本纪》中叙述了夏禹治理洪水的情况："左准绳，右规矩。载四时，以开九州，通九道，坡九泽，度九山。"这说明在公元前 21 世纪已经使用简单的测量工具进行了测量工作。春秋战国时期，测绘有了新的发展。从《周髀算经》《九章算术》《管子·地图篇》《孙子兵法》等书的有关论述中都说明了我国的测量、计算技术和军事地形图的绘制已经达到了相当高的水平。长沙马王堆汉墓出土的公元前 2 世纪的地形图、驻军图和城邑图，是迄今发现的最古老、最翔实的地图。魏晋时刘徽著《海岛算经》，阐述了测算海岛之间的距离和高度的方法。西晋的裴秀主持编制了反映晋十六州的郡国县邑、山川原泽和境界的大型地图集——《禹贡地域图十八篇》，并总结出分率、准望、道里、高下、方斜、迂直的"制图六体"，从此地图制图有了标准和原则。唐代高僧一行于公元 724 年主持进行在河南平原南北伸展约 200 km 近似位于同一子午线上的四个点上，测量冬至、夏至、春分、秋分中午的日影长度和北极高，又用步弓实地丈量了四点间的距离，推算北极星每差一度相应的地面距离。北宋沈括发展了裴秀的制图理论，编制了"二寸折一百里"（相当于 1:90 万比例尺）的《天下州县图》；他还发明和发展了许多精密易行的测量技术，如用分级筑堰静水水位方法，测量了汴渠的高差，用平望尺、干尺和罗盘测量地形，并最早发现了磁偏角。陕西西安碑林的《华夷图》和《禹迹图》是南宋末时的石刻，图上有方格，每方折百里，为我国现存最早的"计里画方"地图。苏州的南宋石刻《平江图》是我国现存最完整的古代城市规划图。元代郭守敬在全国进行了天文测量，并在长期修渠治水实践中，总结出一套水准测量的经验，首先提出了海拔高程的概念。明代郑和七下西洋首次绘制了航海图。清康熙年间（1708—1718 年）开展了大规模的经纬度测量和地形图测绘，编成著名的《皇舆全图》。新中国成立以来，测绘事业有了很大的发展，主要成就有以下几方面。

1. 控制网建设

在全国范围内建立了国家大地网（平面控制）、国家水准网、国家基本重力网和卫星多普勒网，并对国家大地网进行了整体平差。

2. 仪器开发

研制成功卫星摄影仪、卫星激光测距仪、多普勒接收机、精密光学经纬仪、精密水准仪、光电测距仪和解析测图仪等仪器，促进了我国测绘事业的进一步发展。从20世纪70年代中期起，激光技术开始用于施工测量和变形观测。例如激光铅垂仪用于烟囱和高层建筑的施工，激光扫平仪用于场地平整，激光导向仪用于控制施工机械的前进方向，激光准直仪用于大坝的变形监测等。

3. 新技术应用

目前，随着GPS、全站仪、计算机等在测量领域的普遍应用，全国正在构建数字中国。数字中国的建设不仅为国民经济建设提供必要的地形图件，而且将为更好地管理、合理地利用国家的水土资源等提供必要的图件保障。这些技术改革和硬件设备的改进将使得测量结果的获得过程大为简化，实现了测量过程一体化，使测量成果的现时性大为提高，并在必要时可随时对测量图及成果进行修正。

第二节　水　准　测　量

水准测量是利用水准仪提供的一条水平视线，对地面点的高程进行测量的一种比较精确的方法。高程测量因为使用仪器的不同可分为水准测量、三角高程测量、气压高程测量、GPS高程测量等。建筑施工中经常使用的是水准测量。

思考

图1—4所示为某体育馆前广场建设，要求坡道、栏墙顶应达到与各自设计标高一致的平面。你知道这是依据什么原理进行施工测量吗？

图1—4　体育馆广场施工测量

一、水准测量的原理

水准测量利用水准仪提供的水平视线读取竖立于两个点上的水准尺上的读数，来测定两点间的高差，再根据已知点高程计算待定点高程。

由图1—5可知：$$h_{AB} = a - b$$

即：高差 = 后视读数 - 前视读数

如果A、B两点相距不远，且高差相差不大，则安置一次水准仪就可测得h_{AB}，此时B点高程：

$$H_B = H_A + h_{AB} \quad \boxed{高差法}$$

B点高程也可以通过水准仪的视线高程H_i计算，即：

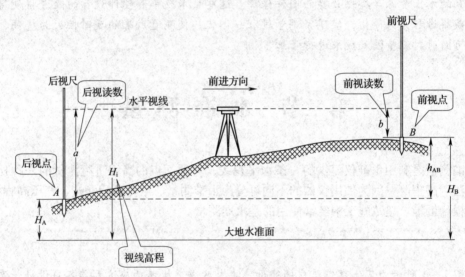

图1—5　水准测量的原理

$$H_i = H_A + a$$
$$H_B = H_i - b$$

当安置一次仪器要测多个前视点的高程时，常采用视线高法。

综上所述，高差法与视线高法都是利用水准仪提供的水平视线测定地面的高程，主要区别在于计算方法不同。只有望远镜视线水平时才能在标尺上读数，这是水准测量过程中要时刻牢记的关键操作。此外，施测过程中，水准仪安置的高度对测算地面点高程或高差并无影响。

知识拓展

农民建造房屋时没有水准仪，一般用一根很长的透明塑料软管，管中灌满了水（不能有气泡），进行找平、测高程工作，其原理如下。

如图1—6所示，设墙上有一个高程标志 A，其高程为 H_A，想在附近的另一面墙上测设另一个高程标志 P，其设计高程为 H_P，测设步骤如下：

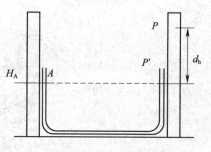

1. 将装了水的透明的塑料管的一端放在 A 点处，另一端放在 P 点处。

2. 两端同时抬高或者降低水管，使 A 端水管水面与高程标志对齐。

3. 在 P 处与水管水面对齐的高度做临时标志 P'，则 P' 高程等于 H_A。

图1—6　塑料软管抄平

4. 根据设计高程与已知高程的差 $d_h = H_P - H_A$，以 P' 为起点垂直往上（d_h 大于0时）量取 d_h，做标志 P，则此标志的高程为设计高程。

例如：若 $H_A = 77.368$ m，$H_P = 77.000$ m，$d_h = 77.000 - 77.368 = -0.368$ m，按上述方法标出与 H_A 同高程的 P' 点后，再往上量0.368 m定点，即为设计高程标志。

需要注意的是，使用这种方法时，水管内不能有气泡，在观察管内水面与标志是否同高时，应使眼睛与水面高度一致。此外，不宜连续用此法往远处传递和测设高程。

二、水准测量的仪器与工具

水准测量所用的仪器是水准仪，工具主要是水准尺和尺垫。在工程测量中常用的是微倾式水准仪和自动安平式水准仪，根据其测量精度的不同，分为 DS_{05}、DS_1、DS_3、DS_{10}、DS_{20} 五个等级，"D"和"S"分别为"大地测量"和"水准仪"中的第一个汉字汉语拼音的第一个字母，字母后的数字表示该水准仪的精度，如 DS_3 中的3表示每千米往返中偶然误差不超过 ± 3 mm，数字越小精度越高。

本节主要介绍常见的 DS_3 型微倾式水准仪。

1. 水准仪的构造

水准仪主要由望远镜、水准器和基座组成，如图1—7所示。

（1）望远镜

望远镜的作用是使观测者能看清远处的目标，照准水准尺，并从其提供的一条水平视线读出尺上的读数，如图1—8a所示。

1）物镜。使瞄准的物体成像。

2）物镜对光螺旋和对光凹透镜。转动物镜对光螺旋可以使对光透镜沿视线方向前后移动，从而使不同距离的目标均能清晰成像在十字丝划板平面上。

3）目镜对光螺旋和目镜。调节目镜对光螺旋可以使十字丝清晰并将成像在十字丝分划线的物像连同十字丝一起放大成虚像。于是观测者在看清十字丝的同时又能清晰地照准目标。

4）十字丝分划板。十字丝分划板是在一块圆形平板玻璃上刻有互相垂直的横丝（俗称

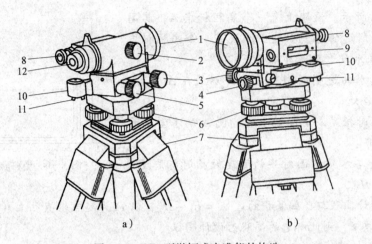

图 1—7　DS₃ 型微倾式水准仪的构造

1—物镜　2—物镜调焦螺旋　3—微动螺旋　4—制动螺旋　5—微倾螺旋
6—脚螺旋　7—三脚支架　8—符合气泡观察镜　9—管水准器　10—圆水准器　11—校正螺钉　12—目镜

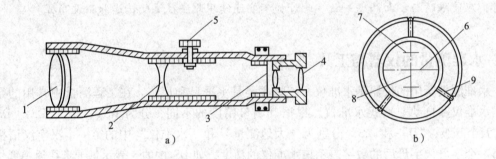

图 1—8　望远镜

a) 望远镜的构造示意图　b) 十字丝分划板

1—物镜　2—调焦透镜　3—十字丝分划板　4—目镜　5—调焦螺旋
6—横丝（中丝）　7—视距丝（包括上下丝）　8—纵丝（竖丝）　9—沉头螺钉

中丝）与竖丝组成的十字丝，在横丝上下各有一根短视距丝（上丝和下丝），分划板装在一个金属环内，如图 1—8b 所示。

望远镜可以分为正像望远镜和倒像望远镜，图 1—8a 所示是倒像望远镜的结构图。目标经过物镜和调焦透镜的作用在镜筒内成倒立、缩小的实像，通过调焦螺旋带动调焦透镜，可以使小实像清晰地成像在十字丝分划板上。人眼经过目镜可看到小实像经目镜放大后的虚像目标。

物镜的光心与十字丝中心交点的连线称为望远镜的视准轴，水准测量时要求此轴位于水平位置从而提供一条水平视线。

（2）水准器

水准仪上的水准器是用来保证仪器某些轴线位于一定的几何状态的部件。水准器分为圆水准器（水准盒）和管水准器（水准管）。

圆水准器是装在金属外壳内的一圆柱形玻璃盒，其顶面内壁磨成一定半径的球面，顶部中央刻有小圆圈。盒内装有酒精和乙醚的混合液体，液体内有一个气泡，气泡永远位于盒内最高处。当圆水准器气泡居中（气泡位于小圆圈内）时，圆水准器轴 $L'L'$ 处于铅直位置。水准仪处于粗平位置（见图1—9）。圆水准器的分划值（圆水准器、管水准器上2 mm的弧长所对的圆心角称为分划值）一般为 $8'/2$ mm，精度较差，故用于粗略整平。

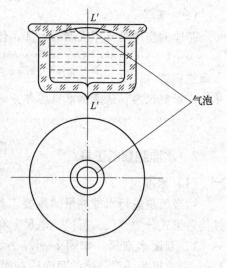

图1—9　圆水准器

管水准器（见图1—10）用玻璃管制成，内壁磨成圆弧，其上也有与中点对称的分划，分划线的对称中心称为水准管零点，过零点与圆弧相切的切线 LL 称为管水准器轴。内装有酒精与乙醚的混合液体，液体内有一气泡，当管水准器气泡居中时，管水准器轴过零点与圆弧相切，处于水平位置，视准轴也处于水平位置，水准仪就能提供一条水平视线。管水准器的精度一般为 $20''/2$ mm。

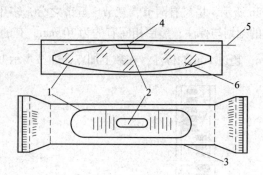

图1—10　管水准器

1—玻璃管　2—气泡　3—金属管　4—零点位置　5—水准管轴　6—液体

为了提高目估气泡居中的精度，水准仪上设有一组棱镜，将气泡两端的像反映在符合气泡观察镜的观察窗中（见图1—11），若从符合气泡观察镜中观察到完整的U形，则管水准器气泡居中，当气泡不居中时，影像上下错开，可通过调整微倾螺旋使气泡居中。

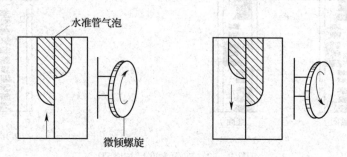

图1—11　微倾螺旋调整管水准气泡

（3）基座

基座的作用是支撑仪器的上部，包括轴座、脚螺旋底板、压板。

课堂训练

对照仪器，认清水准仪各部分的结构，掌握各螺旋的作用和调节方法。

---

2. 水准测量的工具

（1）水准尺

水准尺是进行水准测量的重要工具，按材质可分为木制、铝合金制、玻璃钢制等。按其构造形式分为直尺、折尺、塔尺。有的单面刻划，有的双面刻划；又有正尺、倒尺之分。

1）双面水准尺。如图 1—12a 所示，双面水准尺常用于三等、四等水准测量，长为 3 m，两根尺为一对。尺的两面均有刻划与标注，其中一面为黑白相间，称为黑面尺，又称主尺，尺底从零算起。另一面为红白相间，称为红面尺，又称副尺，尺底以 4.687 m 或 4.787 m 开始。

2）塔尺。如图 1—12b 所示，塔尺有两节、三节、五节之分，多用于等外水准测量中。读尺时注意，首先看清尺上的刻划与标注，黑白相间有的为 10 mm，有的为 5 mm；数字标注间隔有的为 5 cm，有的为 1 cm；超过 1 m 的标注，在数上加点，如 $\dot{2}$ 表示 1.200 m，$\ddot{4}$ 表示 2.400 m。

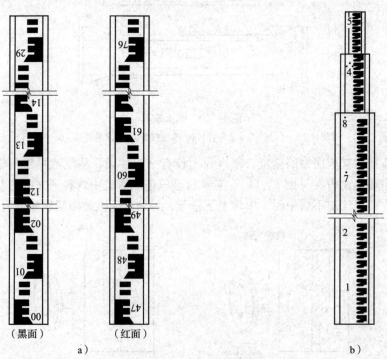

（黑面）　　　（红面）

a)　　　　　　　b)

图 1—12　双面水准尺与塔尺

a）双面水准尺　b）塔尺

（2）尺垫

如图1—13所示，尺垫由生铁铸成，一般为三角形或圆形，使用时踩入土中，中心部位有一圆突，在水准路线测量时，其上竖立水准尺和作为临时标志点。

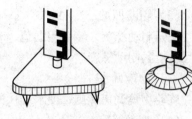

图1—13 尺垫

三、水准仪的使用

DS_3型微倾式水准仪的基本操作步骤为安置仪器、粗略整平（粗平）、调焦和照准、精确整平（精平）、读数和记录等。

1. 安置仪器

首先松开三脚架架腿上的三个紧固螺钉，抽出下边一节使其高度适中，再旋紧三个紧固螺旋。张开三个架腿，支于地面上，使架头大致水平，将三个铁脚踩入土中。

打开仪器箱，双手取出水准仪，置于架头，一只手扶稳仪器，另一只手将脚架中心螺旋旋入仪器底座上的螺母中，旋紧即可，不可用力过猛。

2. 粗略整平（粗平）

粗平是利用三个脚螺旋，使圆水准器气泡居中。粗平的方法是：以左手拇指为准，相对运动。在粗平过程中，气泡的移动方向与左手拇指的运动方向一致。一般情况下，先用左右手同时旋转两个脚螺旋，再用左手旋转第三个脚螺旋，使气泡居中，如图1—14所示。

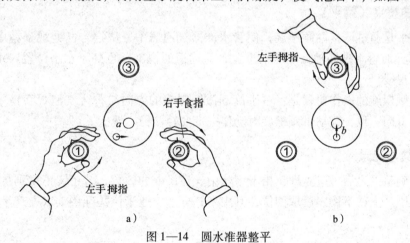

a)

b)

图1—14 圆水准器整平

3. 调焦和照准

调焦和照准的目的是使十字丝清晰，物像（水准尺）清晰，并且让十字丝纵丝位于水准尺的影像正中。

（1）目镜调焦

旋动目镜调焦螺旋，使十字丝成像最清晰。

（2）粗略照准

松开制动螺旋，转动望远镜，利用照门和准星，照准水准尺，旋紧制动螺旋。

（3）物镜调焦

旋动物镜调焦螺旋，使水准尺的影像最清晰。

（4）精确照准

旋动微动螺旋，使望远镜做微小运动，将水准尺的影像调至纵丝，如图1—15所示。

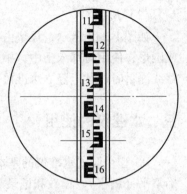

图1—15　精确照准

（5）消除视差

若物镜调焦不准，水准尺的影像未落在十字丝分划板上，眼睛在目镜端做微量上下移动，会发生水准尺影像与十字丝相对运动的现象，此种现象称为视差。如图1—16所示，视差的存在影响读数的精度，消除方法是继续进行物镜调焦，直至水准尺的像落于十字丝分划板上。

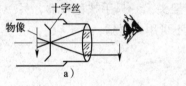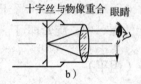

图1—16　视差现象
a）存在视差　b）没有视差

4. 精确整平（精平）

精确整平是通过调整微倾螺旋，使管水准器气泡居中，从符合气泡观察镜中观察到完整的U形，此时管水准器轴处于水平位置，望远镜的视准轴也处于水平位置，水准仪就提供一条水平视线。

调整微倾螺旋的操作要领是：右手旋动微倾螺旋的方向与符合气泡观察镜中影像左半部分的运动方向一致，旋动微倾螺旋时动作一定要轻、稳、慢。

5. 读数与记录

仪器精确整平之后，应立即读出十字丝中丝在尺上的读数，若正镜正尺则从下往上读，若倒镜倒尺则从上往下读，读取四位，其中米、分米、厘米位是准确读取，毫米位是估读，如图1—17所示。

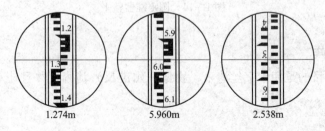

| 1.274m | 5.960m | 2.538m |

图1—17　精确读数

注意

　　1．一定要养成读数后再观察符合气泡观察镜的习惯，看是否为完整的 U 形，若未精平，应重新调整微倾螺旋，再重新读数、重新观察，保证读数前、中、后水准仪提供的均为水平视线。

　　2．观测者读出读数后，记录人员复述一遍得到确认后，方可记入相应的记录手簿。

课堂训练

　　1．练习水准仪测量的基本使用方法，能够正确使用水准仪，并能通过水准仪正确读出水准尺上的读数。

　　2．根据水准测量的基本原理，分组利用水准仪在某建筑物外墙上测设过任一点的水平线。

四、水准测量的方法

1．水准点

用水准测量的方法建立的高程控制点称为水准点，如图 1—18 所示，通常用 *BM* 表示。国家在全国各地设置了很多水准点，这些水准点精度有高低之分，有永久性的，有临时性的，各等级水准点的高程是已知的，在实际工程中可以利用给定的已知高程点作为水准测量的起始点，来测设工程实际要布设的临时水准点。

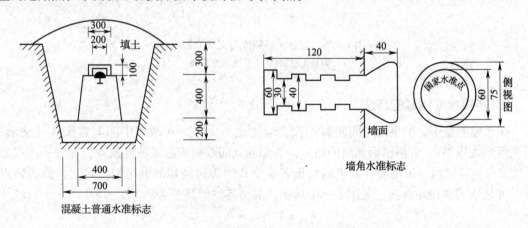

图 1—18　水准点

2．水准路线

水准测量的路线称为水准路线，其布设一般有三种形式。

（1）闭合水准路线

从已知水准点出发，沿一条环形路线进行水准测量，测定环形路线上各待测点的高程，最后回到出发点，形似一条闭合圆环，这就是闭合水准路线（见图1—19）。理论上，从已知水准点出发，又回到已知水准点，沿线路各点间的高差的代数和等于零，即：

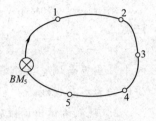

图1—19 闭合水准路线

$$\sum h = 0$$

（2）附合水准路线

从一个已知水准点出发，经过一系列测量，最后回到另一个已知水准点，这种路线就是附合水准路线，如图1—20a所示。从理论上讲沿线路各点间高差的代数和应等于终点与起点的已知高差，即：

$$\sum h = H_{BM2} - H_{BM1}$$

（3）支水准路线

从一个已知水准点出发，经过一系列测量，最后既不回到出发点，也不回到另一已知水准点，这就是支水准路线，如图1—20b所示。如果支水准路线要求精度较高，则必须进行往返测量，以校核其精度。即：

$$\sum h_{往} + \sum h_{返} = 0$$

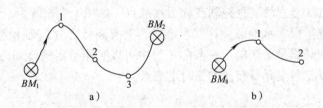

图1—20 附合水准路线与支水准路线

a）附合水准路线 b）支水准路线

3. 路线水准测量的方法

在水准测量中，如果两点间距离不大，坡度也不太大，在两点中间安置仪器（使前、后视距大致相等），可测出两点间的高差。如果两点间距离较远或坡度较大，安置一次仪器无法测得其高差时，就需要在两点间增设若干个作为传递高程的临时的立尺点，称为转点TP，并依次连续设站观测，如图1—21所示，测出各站的高差为：

$$h_{A1} = h_1 = a_1 - b_1$$
$$h_{12} = h_2 = a_2 - b_2$$
$$\cdots$$
$$h_{(n-1)B} = h_n = a_n - b_n$$

则A、B两点间高差为：

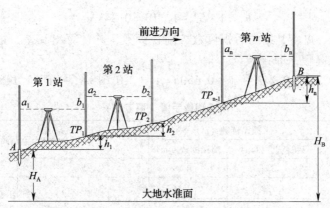

图1—21 路线水准测量的施测

$$h_{AB} = \sum h = \sum a - \sum b$$

【例1—1】 已知 BM_A，$H_A = 52.343$ m，求 B 点高程。

解：

可根据实地情况在 AB 之间设若干转点如 TP_1、$TP_2 \cdots TP_4$，如图1—22所示。施测过程如下：

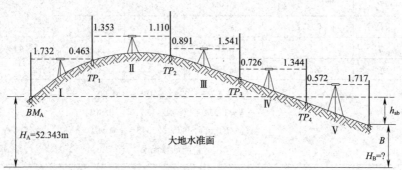

图1—22 水准测量的施测实例

（1）第 I 站，测量步骤如下：

1）在已知点 BM_A 点和第一个转点大致中间位置安置水准仪，在水准点 BM_A 点上立水准尺，为后视尺。TP_1 点放置尺垫，将水准尺立于尺垫上，作为临时立尺的前视尺。

2）将水准仪望远镜照准后视尺，精确整平后，读取后视读数 $a_1 = 1.732$ m，转动望远镜同样可读取 TP_1 处的前视读数 $b_1 = 0.463$ m。记录人员复述得到观测人员认可后，将数据记入手簿。

3）计算出 BM_A 与 TP_1 之间的高差：

$$h_1 = 1.732 - 0.463 = 1.269 \text{ m}$$

（2）第 II 站，测量步骤如下：

1）第 I 站结束后，观测者让 A 处立尺者至 TP_2 处，安置仪器于 II 处，TP_1 所立尺原地不动，转动尺面转向仪器。

2）同样观测 TP_1 处水准尺读取第 II 站的后视读数 $a_2 = 1.353$ m，再观测 TP_2 处前视尺读数 $b_2 = 1.110$ m，得：

$$h_2 = 1.353 - 1.110 = 0.243 \text{ m}$$

同理可测出Ⅲ、Ⅳ、Ⅴ站的后视读数、前视读数，并计算出高差，把所有数据填入表1—1，计算出 B 点高程，即：

$$H_B = 52.343 + 1.269 + 0.243 + （-0.650）+（-0.618）+（-1.145）= 51.442 \text{ m}$$

表1—1　　　　　　　　　　　　　　　水准测量手簿（高差法）

测站	测点	水准尺读数（m）		高差（m）		高程（m）	备注
		后视读数（m）	前视读数（m）	+	-		
1	2	3	4	5		6	7
Ⅰ	BM_A	1.732		1.269		52.343	
	TP_1		0.463				
Ⅱ	TP_1	1.353		0.243			
	TP_2		1.110				
Ⅲ	TP_2	0.891			0.650		
	TP_3		1.541				
Ⅳ	TP_3	0.726			0.618		
	TP_4		1.344				
Ⅴ	TP_4	0.572			1.145		
	B		1.717			51.442	
	Σ	5.274	6.175	1.512	-2.413		
计算校核	$\sum a - \sum b = 5.274 - 6.175 = -0.901$ $\sum h = 1.512 +（-2.413）= -0.901$ $H_B - H_A = 51.442 - 52.343 = -0.901$ 说明计算无误						

此表格为高差法表格，表格下部为校核计算，若 $\sum a - \sum b = \sum h = H_B - H_A$，说明计算无误，但不能说明测量成果的准确性。

思考

在第Ⅱ测站中，TP_1 处立尺，能否变动位置？你如果是立尺者应怎样做呢？

课堂训练

例1—1中，若分别求 TP_1、TP_2、TP_3、TP_4 各点的高程，如何求？能否填于表中？
提示：可利用高差法，例如：$H_{TP1} = H_B +（a - b）$

五、水准测量成果的计算

水准测量外业观测工作结束后，要检查外业观测手簿，计算出各点的高差，由于测量误差的影响，使得水准路线的实测高差与应有值不符合，其差值称为高差闭合差。求得高差闭合差后，若闭合差符合规定的精度要求，则认为外业观测成果合格，可进行闭合差调整，求出改正后的高程，作为各待测点的准确高程。

1. 高差闭合差

（1）附合水准路线

各点间的高差的代数和应等于起止点已知高差，若不等，它们之间的差就是高差闭合差，用 f_h 表示，则：

$$f_h = \sum h - (H_B - H_A)$$

（2）闭合水准路线

由于起止点为同一点，由式 $f_h = \sum h - (H_B - H_A)$ 可得：

$$f_h = \sum h$$

（3）支水准路线

支水准路线往返一次测得高差绝对值应相等，符号相反，即高差代数和等于零，若不等于零，即为闭合差。

$$f_h = |h_{往}| - |h_{返}|$$

2. 水准测量的精度要求

一般工程水准测量的容许闭合差如下：

$$f_{h容} = \pm 40 \sqrt{L}$$

$$f_{h容} = \pm 12 \sqrt{n}$$

式中　$f_{h容}$——容许闭合差，mm；

　　　L——水准测量路线长度，km；

　　　n——测站数。

> **注意**
>
> 　　如果闭合差超过容许值，则应重新测量。

3. 闭合差的调整

在存在闭合差的情况下，按各段观测高差推算高程，到终点将与已知终点的高程不相符，因而各段观测高差应合理加入改正数，将闭合差消除，然后推算各点高程。这样推得的终点高程应与已知终点的高程相符，这才是合理的。其调整的原则和步骤如下：

（1）将闭合差反符号后按各段长度或测站数改正

即：

$$V_i = -\frac{f_h}{L}L_i \left(或 \ V_i = -\frac{f_h}{n}n_i \right)$$

式中　V_i——某段高差改正数；

　　　L_i——某段水准路线的长度，m；

　　　n_i——某段水准路线的测站数；

　　　L——水准路线的总长度，m；

　　　n——水准路线总测站数。

上式中的$\dfrac{f_h}{L}$或$\dfrac{f_h}{n}$实为每米或每站改正数。

（2）进行检查

$$\sum V_i = -f_h$$

即各段改正数的总和应等于反符号的高差闭合差，说明闭合差已全部改正，如不相等，则改正数计算有错。

（3）计算改正后的高差

某段观测高差：

$$h_{i改} = h_i + v_i$$

（4）推算各待定点的高程

根据起始已知水准点的高程$H_前$及各段改正后的高差，逐点推算各待定点的高程，即：

$$H_后 = H_前 + h_{i改}$$

【例1—2】　按一般水准测量要求施测某闭合水准路线，观测成果如图1—23所示。BM_A为已知高程的水准点，图中箭头表示水准测量前进方向，路线外侧的数字为测得的两点间的高差（以m为单位），路线里侧的数字为该段路线的长度（以km为单位），试进行高差闭合差的调整及计算待定点1、2、3点的高程。

解：

（1）根据测量记录手簿按顺序将起始点、各待定点、各段距离、测站数、观测高差填入表内，并计算相应栏的总和。将已知水准点BM_A的高程填入相应点号的空格内。

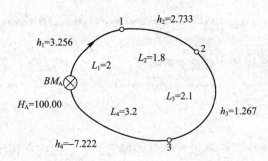

图1—23　某闭合水准路线测量成果

（2）在辅助计算栏内，按以下步骤计算：

1）高差闭合差f_h

$$f_h = h_1 + h_2 + h_3 + h_4 = 3.256 + 2.733 + 1.267 - 7.222 = 0.034 \text{ m} = 34 \text{ mm}$$

2）计算容许高差闭合差$f_{h容}$

一般工程水准测量，$f_{h容} = \pm 40\sqrt{L}$，$f_{h容} = \pm 40\sqrt{2+1.8+2.1+3.2} = \pm 121$ mm，由于 $|\ 34\ | < |\ \pm 120\ |$，所以水准测量精度合格。

（3）根据各段的长度计算各段的高差改正数，填入水准测量成果计算表中。

$$L = 2 + 1.8 + 2.1 + 3.2 = 9.1 \text{ km}$$

$$V_{1改} = -\frac{f_h}{L}L_1 = -\frac{2}{9.1} \times 0.034 = -0.007 \text{ m}$$

$V_{2改}$、$V_{3改}$、$V_{4改}$ 同上，计算后填入表1—2。

改正数总和 $\sum V = -0.034$ m，恰等于 f_h 的反符号值，说明以上计算无误。

（4）按式 $h_{i改} = h_i + v_i$ 计算各段改正后的高差，填入表1—2中。

$$h_{i改} = 3.256 - 0.007 = 3.249 \text{ m}$$

$h_{2改}$、$h_{3改}$、$h_{4改}$ 计算同上。

（5）求改正后的高差

按式 $H_{后} = H_{前} + h_{i改}$ 逐点推算各点高程，最后计算 $107.234 - 7.234 = 100.000$ m 恰为已知点 BM_A 点的已知高程，表明计算无误。

表1—2   水准测量成果

测点	路线长（km）	观测高差（m）	改正数（m）	改正后高差（m）	高程（m）
BM_A					100.000
	2	+3.256	-0.007	+3.249	
1					103.249
	1.8	+2.733	-0.0007	+2.726	
2					105.975
	2.1	+1.267	-0.008	+1.259	
3					107.234
	3.2	-7.222	-0.012	-7.234	
BM_A					100.000
$\sum$	9.1	+0.034	-0.034	0	
辅助计算	$f_h = \sum h = h_1 + h_2 + h_3 + h_4 = 3.256 + 2.733 + 1.267 - 7.222 = 0.034$ m $= 34$ mm $f_{h容} = \pm 40\sqrt{L} = \pm 121$ mm $\|f_h\| < \|f_{h容}\|$，符合要求，可以分配闭合差。				

六、自动安平式水准仪及其使用

微倾式水准仪在每次读数时要利用微倾螺旋的转动，使水准管气泡居中，从符合气泡观察镜中看到的气泡两端影像吻合即精确整平后，才能读取读数，操作比较烦琐。而自动安平式水准仪的关键部件是高灵敏度的自动补偿器，它能在仪器粗略整平的情况下，使望远镜视准轴自动处于水平位置，可方便快捷地进行测量。

自动安平水准仪的结构特点是没有管水准器和微倾螺旋。国产自动安平水准仪的型号是在 DS 后加字母 Z，即为 DSZ05、DSZ1、DSZ3、DSZ10，其中 DSZ3 – 1 自动安平水准仪如图 1—24 所示。

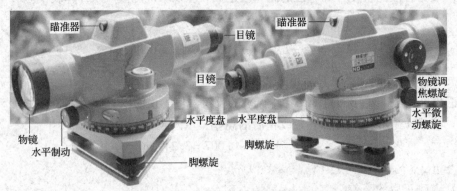

图 1—24　DSZ3 – 1 自动安平水准仪

操作步骤如下：

1. 安置仪器，粗略整平（同微倾式水准仪）。

2. 检验补偿器的正确性

由于补偿器只能对一定范围内的微倾（一般为 $8' \sim 10'$）进行补偿，当仪器倾斜程度超过规定范围时，补偿器必然会因搁置而失效。因此在粗平后必须用仪器上附设的检验钮或警示窗检验补偿器是否处于正常的工作状态。按动检验钮后，视场标尺影像随之产生上下摆动，并迅速静止（约 1 s），或望远镜警示窗中呈现绿色，说明仪器正常，可以施测；反之，若按检验钮后标尺影像不动，或警示窗呈现红色，则说明补偿器搁置不能正常工作，需重新认真整平后再进行观测。

3. 瞄准标尺读数，直接读取后视读数和前视读数。

课堂训练

1. 对照仪器，认识自动安平仪各部分的结构。

2. 练习检验补偿器能否正常工作的方法。

七、DS₃微倾式水准仪的检验与校正

水准仪出厂时都经过了严格检验，但经过长期使用或者振动，某些螺旋难免有微小磨损和松动，从而破坏了轴线间的几何关系，直接影响到测量成果的精度。为保证仪器轴线间正确的几何关系，应定期对仪器进行检验与校正。

1. 水准仪的轴线

如图 1—25 所示，水准仪有四条轴线，即视准轴 CC、水准管轴 LL、圆水准器轴 $L'L'$、仪器竖轴 VV。

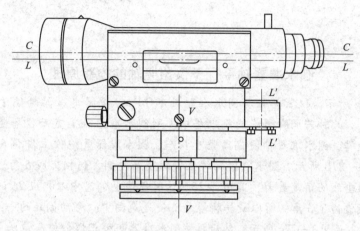

图1—25　水准仪的轴线

2．轴线间应满足的几何关系

（1）圆水准器轴应平行于仪器竖轴，即 $L'L' /\!/ VV$。

（2）十字丝的横丝应垂直于仪器竖轴。

（3）水准管轴应平行于视准轴，即 $LL /\!/ CC$（首要条件）。

这三个几何关系，第一个几何关系能保证仪器粗略整平；水准测量时，使水准尺位于十字丝中间能避免第二个几何关系误差带来的影响；第三条最重要，这是保证水准仪提供一条水平视线的依据，施测时使前后视距相等，能消除此条误差的影响。

3．检验与校正

（1）圆水准器轴平行于仪器竖轴（即 $L'L' /\!/ VV$）的检验与校正

1）检验方法。安置仪器，调整三个脚螺旋，使圆水准器气泡精确居中；将望远镜绕竖轴旋转180°，若气泡仍居中，说明 $L'L' /\!/ VV$；若气泡偏离中心，则需校正。

2）校正方法。如图1—26所示，在检验的基础上，旋转校正螺钉使气泡向中心移动偏距的一半，然后用校正针拨圆水准器底下的三个校正螺钉，使气泡居中。

检验和校正应反复进行，直到望远镜转到任何位置气泡都居中为止。

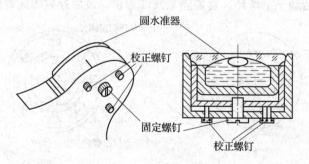

图1—26　圆水准器校正螺钉

知识拓展

圆水准器轴平行于仪器竖轴的检验原理

如图1—27a所示，仪器竖轴与圆水准器轴不平行，设圆水准器轴偏于仪器竖轴的右侧，相交成δ角。此时若调脚螺旋使气泡居中，则圆水准器轴竖直而仪器竖轴倾斜。仪器绕倾斜的竖轴旋转，圆水准器轴便偏离竖直状态，圆水准器气泡便立即偏离。将望远镜旋转180°，如图1—27b所示。圆水准器轴转至仪器竖轴左侧，仍相交成δ角。显然，此时圆水准器轴偏离铅垂线的角度最大，其值为2δ。这时气泡也偏离中心相应2δ的距离。因为仪器竖轴对铅垂线偏离了δ角，所以旋转脚螺旋，使气泡向中心移动偏距的一半，则仪器竖轴即处于铅垂位置，如图1—27c所示。然后再拨圆水准器的校正螺钉使气泡居中，令圆水准器轴也铅垂，这样就消除了圆水准器轴与竖轴之间的交角，使两者平行，如图1—27d所示。

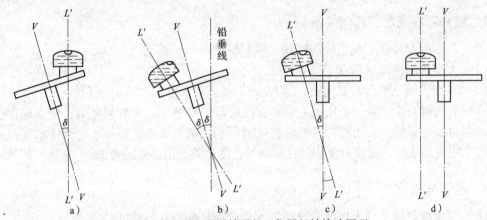

图1—27　圆水准器轴平行于仪器竖轴检验原理

（2）十字丝的横丝垂直于仪器竖轴的检验与校正

1）检验方法。整平仪器后，用十字丝交点瞄准远处一个明显点 P，拧紧制动螺旋，转动微动螺旋，如 P 点离开横丝，表示横丝不水平需校正。

2）校正方法。松开十字丝环的四个固定螺钉，如图1—28b所示，按十字丝横丝倾斜方向的反方向微微转动十字丝环，直到满足条件为止，最后拧紧固定螺钉。

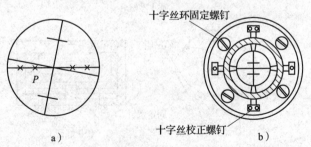

图1—28　十字丝横丝垂直于仪器竖轴的检验与校正

a）检验　b）校正

知识拓展

十字丝的横丝垂直于仪器竖轴的检验原理

当仪器竖轴处于铅垂位置时，如果十字丝横丝垂直于竖轴，横丝必成水平。这样当望远镜绕竖轴转动时，横丝上任何部分始终在同一水平面上。

（3）水准管轴平行于视准轴（即 $LL/\!/CC$）的检验与校正

1）检验方法。安置仪器，向仪器前后各量 40 m 定出 A、B 两点，各钉一木桩，如图 1—29a 所示。用改变仪器高法（或双面尺法），测出 A、B 两点的正确高差 h_{AB}。然后将仪器搬到后视点附近约 3 m 处，如图 1—29b 中 A 点附近。精平后读取后视读数 a_2。因仪器距 A 点很近，可以忽略 i 角对 a_2 的影响，可认为 a_2 是视线水平时的读数。由此可计算出视线水平时正确的前视读数：$b_2 = a_2 - h_{AB}$。如果 B 尺上实际读数 b_2' 满足 $i = \dfrac{|b_2 - b_2'|}{D_{AB}}\rho'' \leq 12''$，水准管轴和视准轴平行，否则需校正。

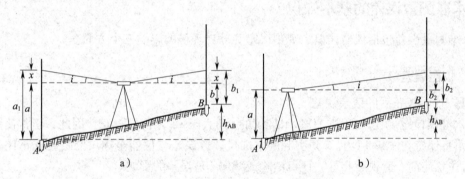

图 1—29 水准管轴平行于视准轴的检验
a）仪器居中 b）仪器位于 A 点附近

2）校正方法。转动微倾螺旋，使十字丝交点对准正确的前视读数 b_2，此时视准轴已处于水平位置，而水准管气泡却偏离了中心。用校正针先松开左右两螺旋，再拨动上、下两个校正螺钉，如图 1—30 所示，使气泡居中，即使水准管轴也位于水平位置，从而使两轴平行，最后再旋紧左右两螺旋。此项检验校正应反复进行，直至符合要求为止。

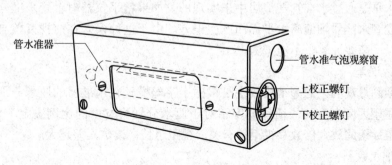

图 1—30 水准管校正螺钉

知识拓展

LL∥CC 的检验原理

如果仪器的水准管轴和视准轴平行，当水准管气泡居中时，视线即水平。这时水准仪安置在两立尺点间的任何位置，所测得的高差都是正确的。如果水准管轴和视准轴不平行，当水准管气泡居中时，视线却向上（或向下）倾斜，与水准管轴形成一个角 i，此时，水准尺上的读数比视准轴水平时要大（或小）。此项误差的大小与尺子到仪器的距离成正比。如果将仪器安置在两立尺点的中央，即前后视距离相等，如图 1—29a 所示，则两尺上读数误差相等，均为 x。此时，即使存在 i 角，也可以获得正确高差，即：$h = (a + x) - (b + x) = a - b$。当后视和前视距离不等时，两尺上的读数误差也不相等，测出的高差也就受到影响。前后视距离相差越大，i 角的影响也就越大。

八、水准测量误差的基本知识

水准测量误差包括仪器误差、观测误差和外界环境的影响三个方面。

1. 仪器误差

（1）仪器校正后的残余误差

《水准仪检定规程》规定，DS_3 水准仪的 i 角大于12″才需要校正，因此，正常使用情况下，i 角将保持在 ±12″ 以内。i 角引起的水准尺读数误差与仪器至标尺的距离成正比，只要观测时注意使前、后视距相等，便可消除或减弱 i 角误差的影响。

（2）水准尺误差

水准尺分划不准确、尺长变化、尺弯曲等原因而引起的水准尺分划误差会影响水准测量的精度。

2. 观测误差

（1）管水准气泡居中误差

视准轴水平是通过水准管气泡居中来实现的。如果精平仪器时，管水准气泡没有精确居中，将造成管水准器轴偏离水平面而产生误差。由于这种误差在前视读数与后视读数中不相等，所以，高差计算中不能抵消。

（2）读数误差

普通水准测量观测中的毫米位数字是根据十字丝横丝在水准尺的厘米分划内的位置进行估读的，在望远镜内看到的横丝宽度相对于厘米分划格宽度的比例决定了估读的精度。读数误差与望远镜的放大倍数和视距长有关。视距越长，读数误差越大。

（3）水准尺倾斜

读数时水准尺必须竖直。如果水准尺前后倾斜，在水准仪望远镜的视场中不会察觉，但由此引起的水准尺读数总是偏大。且视线高度越大，误差就越大。在水准尺上安装圆水准器是保证尺子竖直的主要措施。

（4）视差

视差是指在望远镜中，水准尺的像没有准确地成在十字丝分划板上，造成眼睛的观察位置不同时，读出的标尺读数也不同，由此产生读数误差。

3．外界环境的影响

（1）折光影响

晴天在日光的照射下，地面的温度较高，靠近地面的空气温度也较高，其密度比上层为小。水准仪的水平视线离地面越近，光线的折射也就越大。

（2）温度影响

当日光照射水准仪时，由于仪器各构件受热不匀而引起的不规则膨胀，将影响仪器轴线间的正常关系，使观测产生误差。观测时应注意撑伞遮阳。

知识拓展

仪器的使用注意事项

1．严格履行借领仪器制度，每次实习以小组为单位，向仪器室领借仪器与工具。借用者应当场进行检查与清点，如有不符，应及时向仪器室说明，分清责任。

2．各小组借用的仪器与工具不得私下转借与调换。

3．在实习过程中，如发现异常、损坏或丢失时，应立即向指导教师和仪器室报告情况，由仪器室按制度处理。

4．在实习结束后，小组对仪器和工具进行清点，擦拭污泥，如数归还仪器。待仪器室检查验收后，小组人员方可离去。

5．携带仪器，应检查仪器箱盖是否扣牢扣好，提手、背带是否牢固。放置仪器箱时要放平稳，不应将箱盖朝下，以免开箱时，仪器滚出而被损坏。

6．开箱取仪器时，应记住仪器各部位在箱中的位置，以使用毕仪器按原位放回。

7．脚架放稳后，再从仪器箱中用双手握支架或一只手持支架，另一只手托住基座取出仪器，紧握轻放在三脚架架头上，随即用右手旋紧脚架中心螺旋。仪器取出安好后，要将仪器箱盖扣好。严禁从仪器箱中取出仪器时，提拿望远镜。严禁箱盖上坐人。

8．仪器一经安置，测站上不得离人，严防无人看管或人远离仪器。

9．使用仪器时用力要有轻重感，不允许旋转螺旋用力过猛，应手轻心细。制动螺旋未松开时，不得硬性转动仪器。脚螺旋、微动螺旋等活动范围有限，使用时应注意用其中间部位，勿旋至极限位置，以免失灵。

10．对于仪器上不了解性能的部件，不准盲目乱动，更不要私自拆卸仪器。

11. 仪器不应在阳光下暴晒。在烈日之下观测时应撑伞遮阳。遇雨应防雨淋受潮。

12. 仪器迁站时，在短距离平坦地段，先检查脚架中心连接螺旋是否拧紧，然后收拢三条架腿，一只手握基座或支架，另一只手握脚架腿部，并夹于腋下前进。长距离或困难地段，应装箱迁站。严禁将仪器扛在肩上迁站。

13. 仪器用完装箱时，先松开制动螺旋，对位放入箱中，放稳妥后，再拧紧各制动螺旋。取出的附件也应一一放回原处。放好以后关上箱盖，扣上，锁好，如箱盖关不上，应查明原因，予以处理，不可强压，以免仪器受损。

14. 钢尺须防被车辆辗压，防扭折，防潮湿。钢尺用毕后要擦去泥污、水渍，涂上防锈油、卷好。

15. 皮尺切忌着水，万一受潮，应晾干后，理顺卷入盒内。

16. 标尺、标杆、脚架不用时，不要斜靠在树、墙、电线杆上，以免滑动跌倒摔坏，而应平放在地面上。杆、架上不许坐人。

测量记录要求

测量记录是观测者通过观测取得的最原始成果，因此最重要的是其真实性。因而一个测量工作者要从思想上重视观测的客观事实，绝不允许人为地加以修正，成为伪造的、不可靠的数据，这是最重要的一点。其他要求如下：

1. 所有观测成果需用铅笔记入观测手簿中。

2. 记录字迹要工整、清晰。

3. 记录表格上的所有项目应填写齐全。

4. 记录数字应按要求取位不得省略或添加，如水准尺读数为 2.200 m，不应记为 2.2 m。

5. 观测者在读出数字后，记录者在记录时应将数字复读一遍，避免听错、记错。

6. 在观测者将数字读完后，应立即进行有关项目的计算，并检查有关精度要求是否合格，记录计算必须当站清，不允许只记不算不校核。

7. 在计算平均值时，应按要求取位，如有余数，按四舍六入，逢五则看前一位数，按单进双舍的规律进位。如 3.222 5 与 3.221 5 要求取至小数点后第三位，则均取为 3.222。前者 2 后的 5（双）舍，后者 1 后的 5（单）进。

第三节　角　度　测　量

角度测量是测量的三项基本工作之一。经纬仪是测量角度的主要仪器。为了确定地面点位，需要进行角度测量，它包括水平角的测量和竖直角的测量，水平角测量用于确定地面点的平面位置，竖直角的测量用于间接确定地面点的高程位置或水平距离。

一、角度测量原理

1. 水平角测量原理

水平角是指地面一点到两个目标点连线在水平面上投影的夹角，它也是过两条方向线的铅垂面所夹的两面角。如图1—31所示，设 A、B、C 为地面上任意点，将三点沿铅垂方向投影到水平面上，得到 A_1、B_1、C_1 三点，则直线 B_1A_1 与直线 B_1C_1 的夹角 β 即为地面上 BA 与 BC 方向线间的水平角。为了测量水平角，应在 B 点的上方水平地安置一个有刻度的圆盘，称为水平度盘。水平度盘的中心应位于过 B 点的铅垂线上，将 BA、BC 两方向线投影到度盘的水平面上，可得 a、c 两点的读数，则 $\angle aoc$ 即为所求 β 角，即 $\beta = c - a$。水平角值的范围是 $0° \sim 360°$，无负值。

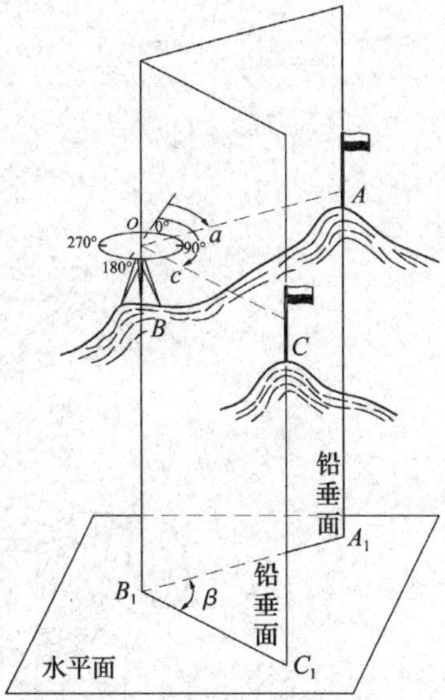

2. 竖直角测量原理

竖直角是在同一竖直面内，倾斜视线与水平视线的夹角，常用 α 表示。倾斜视线在水平线上方的称为仰角，角值为正；倾斜视线在水平线下方的称为俯角，角值为负。竖直角的取值范围为 $-90° \sim 90°$。

图1—31 水平角的测量原理

为了测量竖直角，在铅垂面内安置一个圆盘，称为竖直度盘（或竖盘）。竖直角也是两个方向在度盘上的读数之差，与水平角不同的是，其中有一个是水平方向。其水平方向在竖直度盘上总处在同一个位置，其竖直度盘读数是一个固定值，一般使视线水平时的竖盘读数为90°或270°。这样，测量竖直角时，只要瞄准目标，读取竖盘读数与仪器视线水平时的竖盘读数相减就可以计算出视线方向的竖直角。竖直角的测量原理如图1—32所示。

二、光学经纬仪及其使用

建筑工程中，测角的仪器称为经纬仪。经纬仪分为两大类：一类是光学经纬仪，另一类是电子经纬仪。目前工程上常用的经纬仪仍是光学经纬仪。国产光学经纬仪按其精度划分的型号有 DJ_{07}、DJ_1、DJ_2、DJ_6、DJ_{15}，其中"D"和"J"分别为"大地测量"和"经纬仪"的第一个汉字拼音首字母，下标数字"07、1、2、6、15"表示仪器的精度等级，即"一测回方向观测中误差的秒数"。在建筑工程测量中，使用较广的是 DJ_6、DJ_2 级光学经纬仪。DJ_6 型光学经纬仪如图1—33所示。

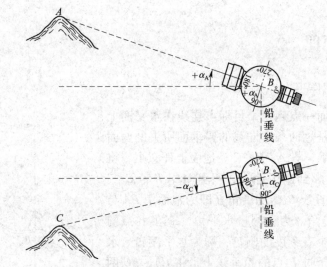

图1—32　竖直角的测量原理

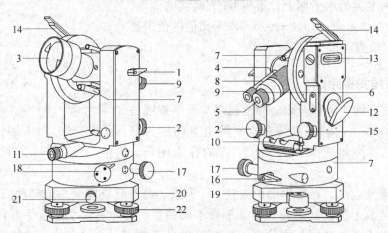

图1—33　DJ₆型光学经纬仪

1—望远镜制动螺旋　2—望远镜微动螺旋　3—物镜　4—物镜调焦螺旋　5—目镜

6—目镜调焦螺旋　7—光学瞄准器　8—度盘读数显微镜　9—度盘读数显微镜调焦螺旋

10—照准部管水准器　11—光学对中器　12—度盘照明反光镜　13—竖盘指标管水准器

14—竖盘指标管水准器观察反射镜　15—竖盘指标管水准器微动螺旋　16—水平方向制动螺旋

17—水平方向微动螺旋　18—水平度盘变换螺旋与保护卡　19—基座圆水准器

20—基座　21—轴套固定螺旋　22—脚螺旋

1. DJ₆光学经纬仪的结构

一般将光学经纬仪分为基座、水平度盘和照准部三部分，如图1—34所示。

（1）基座

基座上有三个脚螺旋和一个圆水准气泡（有些仪器上没有），用来粗平仪器。水平度盘旋转轴套套在竖轴套外围，拧紧轴套固定螺旋（图1—33中的21为轴套固定螺旋），可将仪器固定在基座上；旋松该螺旋，可将经纬仪水平度盘连同照准部从基座中拔出。

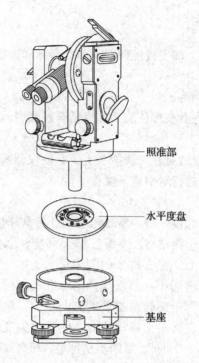

图 1—34　DJ₆ 型光学经纬仪的组成部件

照准部

水平度盘

基座

注意

在经纬仪的使用过程中，千万不要松动轴套固定螺旋，防止照准部与基座分离而脱落。

（2）水平度盘

水平度盘是一个圆环形的光学玻璃盘片，盘片边缘刻划并按顺时针注记有 0°～360° 的角度数值。

（3）照准部

照准部是指水平度盘之上，能绕其旋转轴旋转的全部部件，它包括竖轴、U 形支架、望远镜、横轴、竖直度盘、管水准器、竖盘指标管水准器和读数装置等。照准部的旋转轴称为仪器竖轴，竖轴插入基座内的竖轴轴套中旋转。照准部在水平方向的转动，由水平制动、水平微动螺旋控制；望远镜在纵向的转动，由望远镜制动、望远镜微动螺旋控制；竖盘指标管水准器的微倾运动由竖盘指标管水准器微动螺旋控制；照准部上的管水准器用于精平仪器。

课堂训练

对照仪器，认清经纬仪各部分的结构，掌握各螺旋的作用和调节方法。

2. DJ₆ 光学经纬仪的使用

经纬仪的操作步骤有三步，即安置经纬仪、照准目标和读数。

（1）安置经纬仪

安置经纬仪的操作程序如下：

1）打开三脚架腿，调整好其长度使脚架高度适合观测者的高度；张开三脚架，将其安置在测站上，使架头大致水平。

2）从仪器箱中取出经纬仪放置在三脚架头上，并使仪器基座中心基本对齐三脚架头的中心，旋紧连接螺旋后，即可进行对中整平操作。

3）对中与整平

①使用垂球对中法安置经纬仪。第一步是粗对中。将垂球挂在连接螺旋中心的挂钩上，调整垂球线长度使垂球尖略高于测站点。平移三脚架（应注意保持三脚架头面基本水平），使垂球尖大致对准测站点的中心，将三脚架的脚尖踩入土中。第二步是粗平。通过伸缩脚架腿或旋转脚螺旋使圆水准气泡居中，其规律是圆水准气泡向伸高脚架腿的一侧移动，或圆水准气泡移动方向与用左手拇指旋转脚螺旋的方向一致。第三步是精对中。稍微旋松连接螺旋，双手扶住仪器基座，在架头上移动仪器，使垂球尖准确对准测站点后，再旋紧连接螺旋。垂球对中的误差应小于 3 mm。第四步是精平。旋转脚螺旋使圆水准气泡居中，转动照准部，旋转脚螺旋，使管水准气泡在相互垂直的两个方向上居中，如图 1—35 所示。

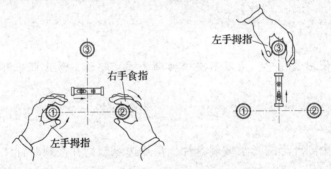

图 1—35　经纬仪的精确整平

> **注意**
>
> 　　旋转脚螺旋精平仪器时，不会破坏已完成的垂球对中关系。

②使用光学对中法安置经纬仪。使用光学对中器之前，应先旋转目镜调焦螺旋使对中标志分划板十分清晰，再旋转物镜调焦螺旋（有些仪器是拉伸光学对中器）看清地面的测点标志。第一步是粗对中。双手握紧三脚架，眼睛观察光学对中器，移动三脚架使对中标志基本对准测站点的中心（应注意保持三脚架头基本水平），将三脚架的脚尖踩入土中。第二步是粗平。通过伸缩脚架腿或旋转脚螺旋使圆水准气泡居中，其规律是圆水准气泡向伸高脚架腿的一侧移动，或圆水准气泡移动方向与用左手拇指和右手食指旋转脚螺旋的方向

一致。第三步是光学对中。旋松连接螺旋，眼睛观察光学对中器，平移仪器基座（注意不要有旋转运动），使对中标志准确对准测站点的中心，拧紧连接螺旋，光学对中误差应小于1 mm。第四步是精平。旋转脚螺旋使圆水准气泡居中，转动照准部，旋转脚螺旋，使管水准气泡在相互垂直的两个方向上居中，如图1—35所示。

注意

　　无论是垂球对中还是光学对中，对中整平需反复进行，直至既对中又整平。

（2）照准目标

测角时的照准标志，一般是竖立于测点的标杆、测钎、用三根竹杆悬吊垂球的线或觇牌等，如图1—36所示。

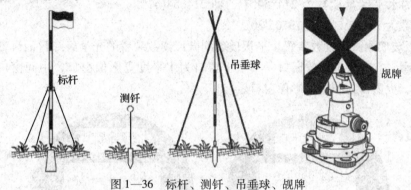

图1—36　标杆、测钎、吊垂球、觇牌

望远镜照准目标的操作步骤如下：

1）目镜对光。松开望远镜制动螺旋和水平制动螺旋，将望远镜对向明亮的背景（如白墙、天空等，注意不要对向太阳），转动目镜使十字丝清晰。

2）粗瞄目标。用望远镜上的粗瞄器照准目标，旋紧制动螺旋，转动物镜调焦螺旋使目标清晰，如图1—37所示。

3）精确照准目标。旋转水平微动螺旋和望远镜微动螺旋，精确照准目标。可用十字丝纵丝的单线平分目标，也可用双线夹住目标，如图1—37所示。

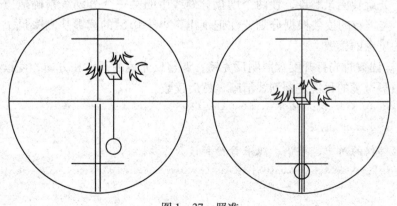

图1—37　照准

（3）读数方法

1）测微尺读数装置。在读数显微镜视场，可以看到注记有"水平"（有些仪器为"Hz"或"一"）字样的像，这是水平度盘分划线及其测微尺的像，注记有"竖直"（有些仪器为"V"或"⊥"）字样的像，是竖直度盘分划线及其测微尺的像。读数方法为：以测微尺上的"0"分划线为读数指标，"度"数由落在测微器上的度盘分划线的注记读出，测微尺的"0"分划线与度盘上的"度"分划线之间的、小于1°的角度在测微尺上读出；最小读数可以估读到测微尺上1格的十分之一，即为0.1′或6″。如图1—38所示的水平度盘读数为214°54.7′，即214°54′42″，竖直度盘读数为79°05.5′，即79°05′30″。

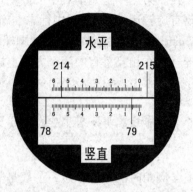

图1—38　测微尺读数方法

2）平板玻璃测微尺读数装置。平板玻璃测微尺读数装置的光学经纬仪的读数窗视场如图1—39所示。它有3个读数窗口，其中下窗口为水平度盘影像窗口，中间窗口为竖直度盘影像窗口，上窗口为测微尺影像窗口。

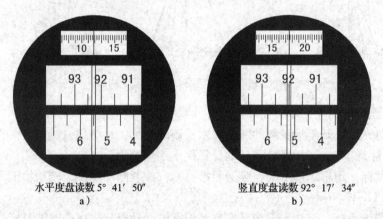

水平度盘读数 5° 41′ 50″
a）

竖直度盘读数 92° 17′ 34″
b）

图1—39　平板玻璃测微尺读数窗视场

读数时，先旋转测微螺旋，使两个度盘分划线中的某一个分划线精确地位于双指标线的中央，0.5°整倍数的读数根据分划线注记读出，小于0.5°的读数从测微尺上读出，两个读数相加即为度盘的读数。

3）读数。读数时先打开度盘照明反光镜，调整反光镜的开度和方向，使读数窗亮度适中，旋转读数显微镜的目镜使刻划线清晰，然后读数。

课堂训练
　　练习经纬仪的对中、整平、照准目标和读数方法。

知识拓展

DJ₂型光学经纬仪

DJ₂型光学经纬仪的构造，除轴系和读数设备外基本上和 DJ₆型光学经纬仪相同。我国某光学仪器厂生产的 DJ₂型光学经纬仪外形如图 1—40 所示。下面着重介绍它和 DJ₆型光学经纬仪的不同之处。

图 1—40　DJ₂型光学经纬仪

1. 水平度盘变换手轮

水平度盘变换手轮的作用是变换水平度盘的初始位置。水平角观测中，根据测角需要，对起始方向观测时，可先拨开手轮的护盖，再转动该手轮，把水平度盘的读数值配置为所规定的读数。

2. 换像手轮

在读数显微镜内一次只能看到水平度盘或竖直度盘的影像，若要读取水平度盘读数时，要转动换像手轮，使轮上指标红线成水平状态，并打开水平度盘反光镜，此时显微镜呈水平度盘的影像。若打开竖直度盘反光镜时，转动换像手轮，使轮上指标线竖直时，则可看到竖盘影像。

3. 测微手轮

测微手轮是 DJ₂型光学经纬仪的读数装置。对于 DJ₂型光学经纬仪，其水平度盘（或竖直度盘）的刻划形式是把每度分划线间又等分刻成三格，格值等于 20′。通过光学系统，将度盘直径两端分划的影像同时反映到同一平面上，并被一横线分成正、倒像，一般正字注记为正像，倒字注记为倒像。图 1—41 所示为读数窗示意图，测微尺上刻有 600 格，其分划影像见图中小窗。当转动测微手轮使分微尺由零分划移动到 600 分划时，度盘正、倒对径分划影像等量相对移动一格，故测微尺上 600 格相应的角值为 10′，一格的格值等于 1″。因此，用测微尺可以直接测定 1″ 的读数，从而起到了测微作用。图 1—41b 中的读数值为 $30°20′ + 8′00″ = 30°28′00″$。

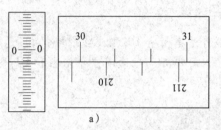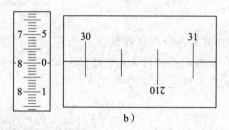

图 1—41　DJ₂ 型光学经纬仪读数窗
a) 读数前的视窗　b) 读数时的视窗

具体读数方法如下：

（1）转动测微手轮，使度盘正、倒像分划线精密重合。

（2）找出邻近的正像与倒像注记差值 180° 的一对分划线（并注意正像在左侧，倒像在右侧），读取正像注记的度数，即 30°。

（3）数出上排的正像 30° 与下排倒像 210° 之间的格数再乘以 10′，就是整十分的数值，即 20′。

（4）在旁边小窗中读出小于 10′ 的分、秒数。测微尺分划影像左侧的注记数字是分数，右侧的注记数字 1、2、3、4、5 是秒的十位数，即分别为 10″、20″、30″、40″、50″。将以上数值相加就得到整个读数。

故其读数为：　度盘上的度数　　　　　30°
　　　　　　　度盘上整十分数　　　　20′
　　　　　　　测微尺上分、秒数　　　8′00″
　　　　　　　全部读数为　　　　　　30°28′00″

4．半数字化读数方法

我国生产的新型 TDJ₂ 型光学经纬仪采用了半数字化的读数方法，使读数更为方便，不易出错，如图 1—42 所示，中间窗口为度盘对径分划影像，没有注记，上面窗口为度和整 10′ 的注记，用小方框"∏"标记欲读的整 10′ 数，左侧的小窗是测微尺与指标影像的测微窗，显示的是小于 10′ 的值（左侧注字）和 10″ 的倍数值（右侧注字）。读数时，转动测微手轮使中间窗口的分划线上下重合，从上窗口读得 123°40′，左侧测微尺读得 8′12.4″，全部读数为 123°48′12.4″。

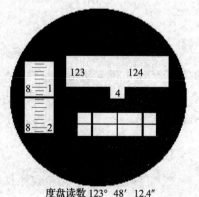

度盘读数 123° 48′ 12.4″

图 1—42　半数字化的读数方法

三、水平角的测量

水平角的观测方法有测回法、方向观测法、复测法等。在建筑工程测量中多采用测回法。方向观测法是对多方向进行水平角测量用的。复测法是为了减少读数误差提高水平角测量精度而采用的，并且要使用有度盘离合器的经纬仪进行观测。本书仅介绍测回法的测量方法。

1. 测回法观测水平角

用于观测两个方向之间的单角如图 1—43 所示，设地面上有 A、B、C 三点，欲观测 $\angle ABC$ 的角值。以此为例说明测回法观测水平角的具体步骤。

图 1—43　观测水平角

（1）在观测点 B 安置经纬仪，进行对中、整平。在目标 A、C 分别竖立观测用的标志（标杆或垂线球架）。

（2）将经纬仪的竖直度盘置于望远镜的左侧（目镜朝向观测者），称为盘左或正镜位置。瞄准第一目标 A，配制水平度盘在 $0°00'00''$ 或稍大处，读水平度盘读数 $a_左$，例如本例中 $a_左 = 0°06'24''$，记入手簿。

（3）顺时针方向转动照准部，照准第二个目标 C，读水平读数 $c_左$。本例中 $c_左 = 111°46'18''$，记入手簿。计算盘左半测回角值，$\beta_左 = c_左 - a_左 = 111°46'18'' - 0°06'24'' = 111°39'54''$，这一过程称为上半个测回观测。

（4）松开各制动螺旋，倒转望远镜成盘右位置（即竖直度盘置于望远镜的右侧），先瞄准第二目标 C，读取水平度盘读数 $c_右$。本例中 $c_右 = 291°46'36''$，记入手簿。

（5）再逆时针方向转动照准部，照准第一目标 A，读取水平度盘读数 $a_右$，本例中 $a_右 = 180°06'48''$ 记入手簿，计算盘右半测回角值 $\beta_右$，填入手簿，这一过程称为下半个测回观测。

$$\beta_右 = c_右 - a_右 = 291°46'36'' - 180°06'48'' = 111°39'48''$$

（6）上、下两个半测回合称一测回。检查上、下两个半测回的角值之差，即：

$$\Delta\beta = |\beta_左| - |\beta_右| = 111°39'54'' - 111°39'48'' = 6''$$

> **注意**
>
> ## 限 差 规 定
>
> 1. 两个半测回角值之差 $\Delta\beta$ 不应超过 $40''$。
> 2. 各测回角值之差不超过 $24''$。
> 3. 若 $\Delta\beta$ 在 $40''$ 之内，上、下半测回可取其平均值，即一测回平均值 $\beta_\text{平}$。
>
> $$\beta_\text{平} = \frac{\beta_左 + \beta_右}{2}$$
>
> 如若 $\Delta\beta$ 大于 $40''$，则观测误差较大或测错，应予重测。

本例中 $\Delta\beta = 6'' < 40''$

故此可求 $\beta_\text{平}$：

$$\beta_\text{平} = \frac{\beta_左 + \beta_右}{2} = \frac{111°39'54'' + 111°39'48''}{2} = 111°39'51''$$

第二个测回同第一测回测完后填入手簿中，并计算出第二测回 $\beta_\text{平}$，算得两个测回的平均值，可得 $\angle ABC = 111°39'54''$。

本例测回法的记录手簿见表1—3。

表1—3   测回法的记录手簿

测站	竖盘位置	目标	水平度盘读数 ° ′ ″	半测回角值 ° ′ ″	一测回平均角值 ° ′ ″	各测回平均角值 ° ′ ″
B一测回	左	A	0 06 24	111 39 54	111 39 51	111 39 54
		C	111 46 18			
	右	A	180 06 48	111 39 48		
		C	291 46 36			
B二测回	左	A	90 06 18	111 39 54	111 39 57	
		C	201 46 12			
	右	A	270 06 30	111 40 00		
		C	21 46 30			

> **注意**
>
> 第二测回盘右时：
> $$\beta_右 = 21°46'30'' + 360° - 270°06'30'' = 111°40'00''$$

2. 水平角观测的注意事项

（1）仪器高度要和观测者的身高相适应；三脚架要立实，仪器与脚架连接要牢固，操作仪器时不要用手扶三脚架；转动照准部和望远镜之前，应先松开制动螺旋，使用各种螺旋时用力要轻。

（2）精确对中，特别是对短边测角，对中要求应更严格。

（3）当观测目标间高低相差较大时，更应注意仪器整平。

（4）照准标志要竖直，尽可能用十字丝交点瞄准标杆或测钎底部。

（5）记录要清楚，应当场计算，发现错误，立即重测。

（6）一测回水平角观测过程中，不得再调整照准部管水准气泡，如气泡偏离中央超过2格时，应重新整平与对中仪器，重新观测。

知识拓展

度盘配零的方法

经纬仪瞄准初始目标时，使其读数为0°00′00″或稍大于0°00′00″，这一过程称为归零，其目的是使角度计算简单，不容易出错。因为厂商的不同，归零装置的位置与形状也各有不同，一般都设置保护装置，防止测量过程中的错误操作。

1. 设有度盘变换手轮的经纬仪的归零方法为先瞄准目标，然后打开保护装置，旋动手轮，即可归零，归零完成后，注意使保护装置归位。

2. 设有复测器扳手的经纬仪，复测器扳手的作用是控制照准部与水平度盘的离合关系。其归零方法为：将复测器扳手扳上，照准部与水平度盘分离，转动照准部水平度盘不动而读数改变，将复测扳手扳下，照准部与水平度盘结合，转动照准部时，就带动水平度盘一起转动，而读数不变，利用上述特点可实现归零。转动照准部，同时观察读数显微镜，当读数为0°00′00″或稍大些时，扳下复测器扳手，转动照准部，瞄准目标，扳上复测器扳手，即可实现归零。

3. 当测角精度要求较高时，需对一个角度观测多个测回，应根据测回数 n，盘左第一方向度盘的配制，起始读数应加以变换，变换值按 $180°/n$ 计算。例如，当测回数 $n=2$ 时，第一测回的起始方向读数可置于略大于0°处；第二测回的起始方向读数可置于略大于90°（$180°/2$）处。

四、竖直角测量

竖直角是在同一竖直平面内，一点到目标方向线与水平线之间的夹角，又称倾角，用 α 表示。如图1—44所示，竖直角有仰角和俯角之分。方向线在水平线上方，竖直角为仰角，在其角值前加"＋"；方向线在水平线下方，竖直角为俯角，在其角值前加"－"。竖直角的范围为0°~90°。

建筑工程测量中一般很少使用竖直角，竖直角主要用于间接确定地面点的高程位置或水平距离（利用竖直角测量水平距离和高程的方法见第四节的相关内容）。

1. 竖直度盘的构造及竖直角计算公式

光学经纬仪的竖直度盘由竖盘、竖盘读数指标、竖盘指标水准管和竖盘指标水准管微

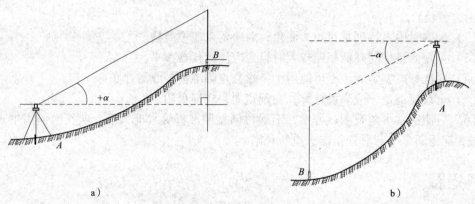

图1—44　竖直角仰角和俯角

a) 仰角　b) 俯角

动螺旋组成。竖盘固定在横轴的一端，其中心与横轴中心一致，望远镜在竖直面内转动，竖盘面垂直于横轴。竖盘读数指标与竖盘指标管水准器连接在一起，当旋转竖盘管水准器微动螺旋使指标水准管气泡居中时，指标便处于正确的位置。

（1）顺时针全圆注记

图1—45所示为DJ$_6$型光学经纬仪采用较多的一种竖盘注记形式（顺时针注记），图1—45a是盘左、图1—45b是盘右时的情形。这种竖盘在盘左位置视线水平读数为90°，盘右位置视线水平时读数为270°。望远镜向上仰时读数减小，盘左、盘右时竖直角 $\alpha_左$、$\alpha_右$ 计算公式为：

$$\alpha_左 = 90° - L$$
$$\alpha_右 = R - 270°$$

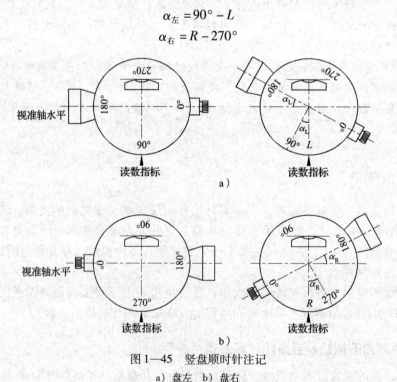

图1—45　竖盘顺时针注记

a) 盘左　b) 盘右

（2）逆时针全圆注记

如果是逆时针全圆注记，如图1—46所示，可得计算竖直角公式：

$$\alpha_左 = L - 90°$$

$$\alpha_右 = 270° - R$$

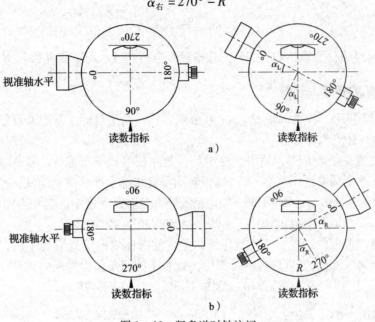

图1—46　竖盘逆时针注记

a）盘左　b）盘右

利用盘左、盘右两个位置观测的竖直角中，可以抵消仪器误差对观测角的影响，同时也可以检核观测中有无错误存在。因此，取盘左、盘右的平均值作为一测回的角值。即：

$$\alpha = \frac{\alpha_L + \alpha_R}{2}$$

注意

在观测竖直角之前，先要检查一下竖盘读数，确定竖直角与竖盘读数之间的关系。

方法是：将望远镜大致放在水平位置，观测一下竖盘读数，就可知道水平视线的应有读数（一般为90°或270°），然后将望远镜上仰，得到竖直角是一个仰角，应该为正值，此时看读数是增大还是减小。若读数增大，则竖直角等于瞄准目标时的读数减去视线水平时的读数；若读数减小，则竖直角等于视线水平时的读数减去瞄准目标时的读数。即当望远镜由水平方向向上旋转，如读数减小时，用$\alpha = 90° - L$；如读数增大时，用$\alpha = L - 90°$（以盘左时为例）。

2. 竖盘指标差

当望远镜视准轴水平，竖盘指标管水准器气泡居中，竖盘读数为90°的整数倍的情形，称为竖盘指标管水准器与竖盘读数指标关系正确。

当竖盘指标管水准器与竖盘读数指标关系不正确时，则望远镜视准轴水平时指标的竖盘读数相对于正确值就有一个小的角度偏差 x，称为指标差。

竖盘指标差 x：$x = \dfrac{1}{2}(\alpha_L + \alpha_R - 360°)$；

$$\alpha = \frac{\alpha_L + \alpha_R}{2}$$

DJ_6 型光学经纬仪要求 $|x| \leqslant 25''$，若指标差合格，可求得竖盘读数。

3. 竖直角的观测与计算

如图 1—32 所示，设 B 为测站，A、C 分别为仰、俯角目标，下面以目标 A 点为例说明竖直角的观测与计算步骤如下：

（1）将仪器安置在 B 点，整平、对中后，盘左位置瞄准目标 A，瞄准时应使十字丝横丝切于目标的顶端（或目标的某一位置），转动竖盘指标水准管微动螺旋，使指标水准管气泡居中，读取盘左读数 L（如 $40°30'36''$）记入竖直角观测手簿中。盘左半测回角值为：
$$\alpha_左 = 90° - L = 90° - 40°30'36'' = 49°29'24''$$

（2）倒镜，盘右位置再瞄准 A 目标原位置，使指标水准管气泡居中后，读取竖盘读数 R（如 $319°29'36''$）记入竖直角观测手簿中，盘右半测回角值应为：
$$\alpha_右 = R - 270° = 319°29'36'' - 270° = 49°29'36''$$

$$x = \frac{1}{2}(\alpha_L + \alpha_R - 360°) = \frac{1}{2} \times (40°30'36'' + 319°29'36'' - 360°) = +6'' < +25''$$

那么：

$$\alpha = \frac{\alpha_L + \alpha_R}{2} = \frac{1}{2} \times (49°29'24'' + 49°29'36'') = 49°29'30''$$

同理可得 C 点的观测与计算结果。填写观测手簿见表 1—4。

表 1—4　　　　　　　　　　　　经纬仪竖直角观测手簿

测站	目标	竖盘位置	竖盘读数 ° ′ ″	半测回角值 ° ′ ″	指标差 ″	一测回角值 ° ′ ″	备注
B	A	左	40　30　36	49　29　24	+6	49　29　30	
		右	319　29　36	49　29　36			
	C	左	95　43　24	−5　43　24	−12	−5　43　36	
		右	264　16　12	−5　43　48			

五、经纬仪的检验与校正

1. 经纬仪的轴线及各轴线间应满足的几何关系

如图 1—47 所示，经纬仪的主要轴线有竖轴 VV、横轴 HH、视准轴 CC、照准部水准管轴 LL 和圆水准器轴 $L'L'$。由测角原理可知，观测角度时，经纬仪的水平度盘必须水平，竖轴必须竖直，望远镜上下转动的视平面必须为铅垂面。观测竖直角时，竖盘指标应处于正确位置。因此，经纬仪应满足以下条件：

（1）照准部水准管轴垂直于竖轴（$LL \perp VV$）。

（2）十字丝竖丝垂直于横轴 HH。

（3）视准轴垂直于横轴（$CC \perp HH$）。

（4）横轴垂直于竖轴（$HH \perp VV$）。

（5）光学对中器的视准轴与竖轴重合。

图1—47　经纬仪的轴线

2．经纬仪的检验与校正

（1）照准部水准管轴垂直于竖轴的检验与校正（$LL \perp VV$）

1）检验方法

①将仪器大致整平，转动照准部使水准管与两个脚螺旋连线平行。

②转动脚螺旋使水准管气泡居中，此时水准管水平。

③将照准部旋转180°，如果气泡仍然居中，说明 $LL \perp VV$，否则需校正。

2）校正方法

①用校正针拨动水准器一端的校正螺钉（注意先松一个，再紧一个），使气泡向中央移动偏移距离的一半，如图1—48所示。

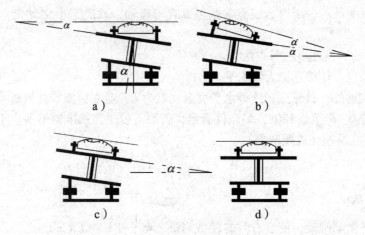

图1—48　水准管轴的检验

②转动与水准管平行的脚螺旋，使气泡居中，此时水准管轴处于水平位置，即 $LL \perp VV$。

③需反复进行，直到照准部转动到任何位置，气泡偏离零点都不超过一格为止。

（2）十字丝竖丝垂直于横轴的检验

1）检验方法

①首先整平仪器，用十字丝的竖丝照准任一点 P。

②将望远镜上下微动，如始终不离开竖丝，则说明竖丝垂直水平轴，否则需要校正，如图 1—49 所示。

2）校正方法

①卸下目镜端的十字丝分划板护罩，如图 1—50 所示。

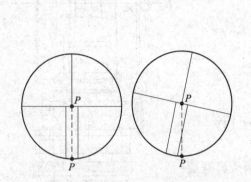

图 1—49　十字丝竖丝的检验　　　　　图 1—50　十字丝的校正

②松开 4 个压环螺钉，缓缓转动十字丝环，使竖丝与 P 点重合，直到望远镜上下微动时，该点始终在竖丝上为止。

③旋紧 4 个压环螺钉，装上十字丝护盖。

（3）视准轴垂直于横轴的检验与校正（$CC \perp HH$）

视准轴是物镜中心与十字丝交点的连线。仪器的物镜光心是固定不动的，而十字丝交点的位置是可以变动的。所以，视准轴是否垂直于竖轴，取决于十字丝交点是否处于正确位置。

1）检验方法（盘左盘右瞄点法）

①安置经纬仪，使望远镜大致水平。

②盘左瞄准远处一目标点，读得水平度盘读数为 L，盘右再瞄准此目标点，读得水平度盘读数为 R，若 L、R 相差 180°，则条件满足，否则需校正。视准轴不垂直于横轴所偏离的角度 c，称为视准误差（或照准差）。

$$c = \frac{1}{2} \left[L - \left(R \pm 180° \right) \right]$$

2）校正方法

①旋转水平微动螺旋，使盘右时的读数对准 $c = \frac{1}{2} \left[L - \left(R \pm 180° \right) \right]$，此时，十字丝交点偏离目标点。

②旋转十字丝左右两个校正螺钉，一松一紧，水平移动十字丝分划板座，直到十字丝交点对准目标为止。

（4）横轴垂直于竖轴的检验（$HH \perp VV$）

1）在距一垂直墙面 20～30 m 处，安置经纬仪，整平仪器，如图 1—51 所示。

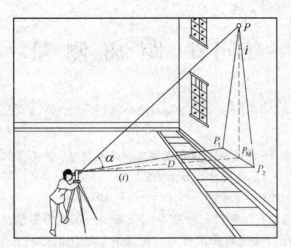

图1—51　横轴垂直于竖轴的检验

2）盘左位置，瞄准墙面上高处一明显目标 P 点，仰角宜在30°左右。旋紧照准部制动螺旋。

3）将望远镜置于水平位置，根据十字交点在墙上定出一点 P_1。

4）倒转望远镜成盘右位置，瞄准 P 点，固定照准部，再将望远镜置于水平位置，定出点 P_2。

如果 P_1、P_2 两点重合，说明横轴是水平的，横轴垂直于竖轴；否则，需要校正。

注意

　　光学经纬仪的横轴是密封的，测量人员只需进行检验，校正则由仪器检修人员进行。

（5）光学对中器的检验与校正

1）检验方法

①在平坦的地面上严格整平仪器，在脚架的中央地面上固定一张白纸。对中器调焦，将刻划圆圈中心投影于白纸上得 P_1 点。

②转动照准部180°，得刻划圆圈中心投影 P_2，若 P_1 与 P_2 重合，则条件满足；否则需校正。

2）校正方法

①取 P_1、P_2 的中点，校正直角棱镜或分划板，使刻划圆圈中心对准 P 点。

②重复检验、校正的步骤，直到照准部旋转180°后对中器刻划圆圈中心与地面点无明显的偏离为止。

第四节 距 离 测 量

思考

　　在学校操场上有 A、B 两点，现在需要准确地测定 A、B 两点间的水平距离（目估两点间距离大于 100 m），你用什么办法呢？

　　距离测量是确定地面点位时的三项基本工作之一。在三角测量、导线测量、地形测量和工程测量等工作中都需要进行距离测量。距离测量常用的方法有钢尺量距、视距测量、光电测距等。

一、距离测量概述

1. 量距工具

（1）钢卷尺

钢卷尺是用薄钢片制成的带状尺，可卷入金属盒内。长度有 30 m、50 m、100 m 等几种。基本分划为毫米，在每米、每分米及每厘米处都有数字注记。由于尺的零点位置不同，有端点尺和刻线尺之分，如图 1—52 所示。

端点尺是以尺的最外端作为尺的零点，当从建筑物墙边开始丈量时使用很方便，如图 1—52a 所示。刻线尺是以尺前端的某一刻线作为尺的零点，如图 1—52b 所示。在使用前必须注意查看，以免弄错。

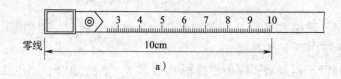

a）

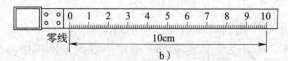

b）

图 1—52　钢卷尺

a）端点尺　b）刻线尺

钢卷尺的优点是抗拉强度高，不易拉伸，所以量距精度高，在工程测量中常用钢卷尺量距。钢卷尺的缺点是性脆，易折断，易生锈，因此使用时要避免扭折，防止受潮。

（2）皮尺

皮尺是麻线与金属丝织成的带状尺，容易被拉长，只有在精度要求较低时才使用。

（3）测钎

测钎一般用钢筋制成，上部弯成小圆环，下部磨尖，直径为 3～6 mm，长度为 30～40 cm。钎上可用油漆涂成红、白相间的色段。通常 6 根或 11 根系成一组。量距时，将测钎插入地面，用以标定尺端点的位置，也可作为近处目标的瞄准标志，如图 1—53a 所示。

（4）标杆

标杆多用木料或铝合金制成，全长有 2 m、2.5 m 及 3 m 等几种规格。杆上油漆成红、白相间的 20 cm 色段，非常醒目，下端装有尖头铁脚，便于插入地面，作为照准标志，如图 1—53b 所示。

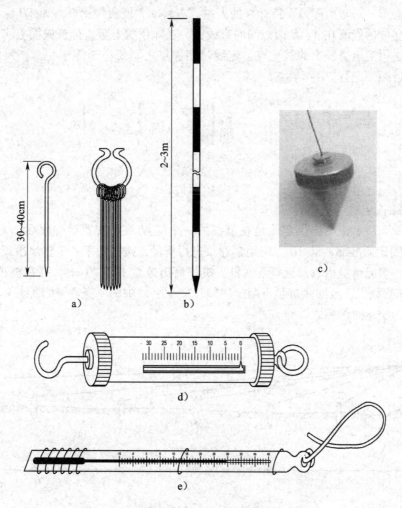

图 1—53 测钎、标杆、垂球、弹簧秤、温度计

a) 测钎 b) 标杆 c) 垂球 d) 弹簧秤 e) 温度计

（5）垂球、弹簧秤和温度计

如图 1—53c 所示，垂球用金属制成，上大下尖呈圆锥形，上端中心系一细绳，悬吊后，垂尖与细绳在同一直线上。它常用于在斜坡上丈量水平距离。

弹簧秤和温度计等在精密量距中应用，如图 1—53d、e 所示。

2. 直线定线

水平距离测量时，当地面上两点间的距离超过钢卷尺全长时，或地势起伏较大，一个整尺段无法完成丈量工作时，需要在两点的连线上标定出若干个点，这项工作称为直线定线。按精度要求的不同，直线定线通常可分为目估定线和经纬仪定线两种方法。一般情况下使用目估定线，当量距精度要求高时，可采用经纬仪定线。

（1）目估定线

如图 1—54 所示，在欲测定的 A、B 两点分别竖立标杆，一人站在 A 点标杆后 1～2 m 处，由 A 瞄向 B，同时指挥另一持标杆的人左、右移动，使所持标杆与 A、B 标杆完全重合为止，此时立杆的点就在 A、B 两点间的直线上，在此位置上竖直标杆或插上测钎，作为定点标志。同法可定出直线上的其他点。定线时相邻点之间要小于等于一个整尺段，定点一般按由远而近顺序进行。

图 1—54　目估定线

（2）经纬仪定线

如图 1—55 所示，经纬仪定线是在直线的一个端点 A 点安置经纬仪后，对中、整平，照准 B 点，固定照准部，沿 AB 方向用钢卷尺进行概量，按稍短于一个整尺段长的位置，观测员指挥另一名测量员由远及近打下木桩。桩顶高出地面 10～20 cm，并在桩顶钉一小钉，使小钉在 AB 直线上，或在木桩顶上画十字线，使十字线中的一条在 AB 直线上，小钉或十字线交点即为丈量时的标志。

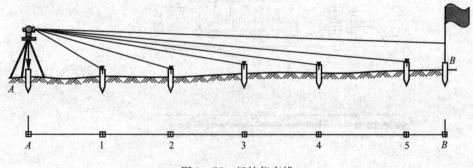

图 1—55　经纬仪定线

注意

　　为减小照准误差，精密定线时，可以用直径更细的测钎或垂球线代替标杆。

二、钢尺量距的一般方法

1. 平坦地面距离的丈量

　　在钢卷尺一般量距中目估定线与尺段丈量可以同时进行。

　　丈量前，先将待测距离的两个端点 A、B 用木桩（桩上钉一小钉）标志出来，然后在端点的外侧各立一标杆，清除直线上的障碍物后，即可开始丈量。丈量工作一般由两人进行，如图1—56 所示。

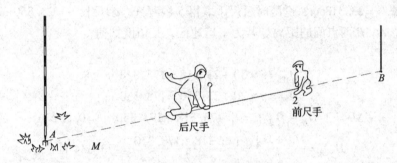

图1—56　平坦地面距离丈量

　　（1）后尺手持钢卷尺的零端与一根测钎位于 A 点，前尺手持钢尺的末端和其余测钎沿 AB 方向前进，行至一个尺段处停下。

　　（2）后尺手用手势指挥前尺手将钢卷尺拉在 AB 直线上，后尺手将钢卷尺的零点对准 A 点，当两人同时把钢卷尺拉紧、拉平、拉稳后，前尺手喊"预备"，后尺手将钢卷尺的零点准确地对准 A 点，并喊"好"，前尺手随即将测钎插入地面（在坚硬地面处，可用铅笔在地面画线做标记），得1点。这样便完成了第一尺段 $A1$ 的丈量工作。

　　（3）接着后尺手与前尺手共同抬尺前进，当后尺手到达1点（即插测钎或画记号处）时喊"停"。再重复上述操作，量完第二尺段。后尺手拔起地上的测钎，依次前进，直到量完 AB 直线的最后一段为止。

　　（4）最后一段距离一般不会刚好是整尺段的长度，后尺手以尺的零点对准测钎，前尺手用钢钎对准 B 点并读数为 l'，则 A、B 两点间的水平距离为：

$$D = nl + l'$$

式中　n——整尺段数（即后尺手中的测钎数）；

　　　l——钢尺的整尺段的长度，m；

　　　l'——不足一整尺段的余长，m。

（5）为了防止丈量错误和提高精度，一般还应由 B 点量至 A 点返测，返测时应重新进行定线，取往、返测距离的平均值作为丈量结果，即：

$$D_{平均} = \frac{D_{往} + D_{返}}{2}$$

（6）量距的精度通常用相对误差 K 来衡量，相对误差 K 等于把往返丈量所得距离的差数除以该距离的平均值，称为丈量的相对精度。如果相对误差满足精度要求，则将往、返测平均值作为最后的丈量结果。

$$K = |D_{往} - D_{返}| / D_{平均} = |\Delta D| / D_{平均}$$

相对误差 K 是衡量丈量结果精度的指标，常用一个分子为 1 的分数表示。相对误差的分母越大，说明量距精度越高。相对误差一般不应大于 1/3 000，在量距较困难地区不应大于 1/1 000。

【例1—3】

用钢卷尺丈量 A、B 两点间的距离，所用工具为 30 m 钢卷尺，往测时后尺手取得 5 根测钎，余尺长 $l' = 23.318$ m，返测时后尺手取得 5 根测钎，余尺长 $l' = 23.350$ m，试根据测得的数据计算 A、B 两点间的距离。若为平坦地区，其精度如何？

解：

$$D_{往} = 5 \times 30 + 23.318 = 173.318 \text{ m}$$

$$D_{返} = 5 \times 30 + 23.350 = 173.350 \text{ m}$$

$$\Delta D = |D_{往} - D_{返}| = |173.318 - 173.350| = 0.032 \text{ m}$$

$$D_{平均} = \frac{D_{往} + D_{返}}{2} = \frac{173.318 + 173.350}{2} = 173.334 \text{ m}$$

$$K = \frac{\Delta D}{D_{平均}} = \frac{0.032}{173.334} = \frac{1}{5417} < \frac{1}{3000}，合格。$$

一般方法丈量距离手簿见表1—5。

表1—5　　　　　　　　　　　　　距离测量手簿

日期：			天气：				记录：	
地点：			钢尺号：				尺长：	

线段名称	丈量方向	整尺段数	零尺段长度（m）		线段长度（m）$D = nl + l'$	平均长度（m）	往返测差绝对值（m）ΔD	精度 K
			1	2				
AB	往	5	23.318		173.318	173.334	0.032	$\frac{1}{5\ 417}$
	返	5	23.350		173.350			

2. 倾斜地面距离的丈量

（1）平量法

在倾斜地面丈量距离，当尺段两端的高差不大但地面坡度变化不均匀时，一般都将钢卷尺拉平丈量，如图1—57所示。丈量由 A 向 B 进行，后尺手立于 A 点，指挥前尺手将尺拉在 AB 方向线上，后尺手将尺的零点对准 A 点，前尺手将尺子抬高并目估使尺子水平，然后用垂球将尺的某一刻划线投于地面上，插以测钎。用此法进行丈量，从山坡上部向下坡方向丈量比较容易，因此，丈量时两次均由高到低进行。

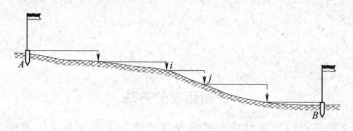

图1—57　平量法

（2）斜量法

当倾斜地面的坡度比较均匀时，可以在斜坡丈量出 AB 的斜距 L，测出地面的倾角 α，或测出 A、B 两点的高差 h，如图1—58所示，然后计算出 AB 的水平距离 D，即：

$$D = L\cos\alpha = \sqrt{L^2 - h^2}$$

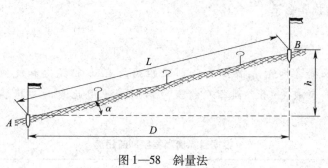

图1—58　斜量法

注意

钢卷尺量距的注意事项

1. 应用检测过的钢卷尺量距。

2. 前尺手、后尺手动作要配合好，定线要直，尺身要水平，尺子要拉紧，用力要均匀，待尺子稳定时再读数或插入测钎。

3. 用测钎标志点位，测钎要竖直插下。前尺、后尺所量测钎的部位应一致。

4. 读数要细心，防止误读。

5. 记录应清楚，记好后及时回读，互相校核。

6. 钢卷尺性脆易断，防止打折、扭曲、拖拉，并严禁车辗、人踏，以免损坏。钢卷尺易锈，用毕需擦净、涂油。

知识拓展

目测距离的方法

目测距离就是根据视力、目标清晰程度和实践经验来判定距离。目测距离的基本方法有比较法和判断法。

1. 比较法

比较法就是把要测距离与某段已知距离(如电线杆距离、已测距离或自己熟悉的100 m、200 m、500 m等基本距离)相比较以求出距离。也可将要测的距离折半或分成若干段,分段比较,推算全长。

2. 判断法

判断法就是根据目标的清晰程度来判断距离。在正常视力和气候条件下,可以分辨的目标距离可参考表1—6。因各人的视力不同,使用此表时应根据自己的经验灵活掌握。

表1—6 根据目标清晰程度判断距离

距离(m)	目标清晰程度
100	人脸特征、手关节、步兵火器外部零件可见
150~170	衣服的纽扣、水壶、装备的细小部分可见
200	房顶上的瓦片、树叶、铁丝可见
250~300	墙可见缝,瓦能数沟;人脸五官不清,衣服颜色可见
400	人脸不清,头肩可分
500	门见开闭,窗见格,瓦沟条分不清;人头肩分不清,男女可分
700	瓦面成丝,窗见衬;行人迈步分左右,手肘分不清
1 000	房屋轮廓清楚,瓦片乱,门成方块窗衬消;人体上下一般粗
1 500	瓦面平光,窗成洞;行人似蠕动,动作分不清;树干、电杆可见
2 000	窗是黑影门成洞;人成小黑点,行动分不清
3 000	房屋模糊门难辨,房上烟囱还可见

三、精密量距

钢尺量距的一般方法精度不高，相对误差一般只能达到1/5 000 ~ 1/1 000，但在建筑工地，如测设建筑基线、建筑方格网的主要轴线，精度要求达到1/40 000 ~ 1/10 000，此时就应采取钢尺量距的精密方法。

1. 精密量距的方法与步骤

（1）清理场地

在欲丈量的两点方向线上清除障碍物。适当平整场地，使钢卷尺在每一尺段中不致因地面高低而产生挠曲。

（2）直线定线

用经纬仪定线，如图1—59所示，首先安置经纬仪于 A 点，照准 B 点，固定照准部，沿 AB 方向用钢卷尺进行测量，按稍短于一个整尺段长的位置打下桩，桩顶高出地面10 ~ 20 cm，桩顶钉一块白铁皮，再用经纬仪精确定出 AB 的直线方向，并在顶面上画上十字细线，其中一条线的方向与视线方向一致，十字线的交点作为丈量时的标志。

（3）测相邻桩顶的高差

为了使沿桩顶丈量的倾斜距离换算成水平距离，应用水准仪测出各相邻桩顶间高差。相邻桩顶间两次高差不大于10 mm，可取两次高差的平均值作为相邻桩顶间的高差，如图1—59所示。

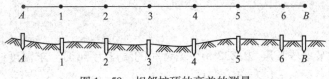

图1—59　相邻桩顶的高差的测量

（4）量距（5人，3次读数）

精密量距用检定过的钢卷尺进行，一般由两人拉尺，两人读数，一人测温度兼记录。丈量时，两人同时拉紧钢卷尺，把钢卷尺有刻划的一侧贴切于木桩顶十字线交点，待弹簧秤显示到钢卷尺检定的标准拉力并达到平衡、钢卷尺稳定时，前后读尺手同时读取读数，估读到0.5 mm，记录员依次记入，并计算尺段长度。前、后移动钢卷尺2 ~ 3 cm，同法再次丈量。每一尺段要读三组读数，三组读数算得的长度之差应小于2 mm，否则应重测。如在限差之内，取三次结果的平均值作为该尺段的观测成果。每一尺段应该记录温度一次，估读至0.5℃。如此继续丈量至终点，即完成一次往测。完成往测后，应立即返测。

2. 尺段长度的改正计算

将每一尺段丈量结果经过尺长改正、温度改正、倾斜改正后得到此尺段的水平距离，所有尺段改正完后，可求总长。

（1）尺长改正

钢卷尺在标准温度、标准拉力下的实际长度为 l'，钢卷尺的名义长度为 l_0，两者之差 $\Delta l = l' - l_0$ 为整尺段的尺长改正数。则每尺段的尺长改正数为：

$$\Delta l_i = \frac{\Delta l}{l_0} l_i$$

式中　Δl_i——某尺段的尺长改正数；

　　　l_i——某尺段丈量的平均值。

【例 1—4】

某尺实际长 $l' = 50.005$ m，名义长度 $l_0 = 50$ m，以此尺丈量 AB 段距离为 49.685 5 m，求 AB 尺长改正后的距离。

解：

$$\Delta l_{AB} = \frac{50.005 - 50}{50} \times 49.685\,5 = 0.005\,0 \text{ m}$$

$$l_{AB} = 49.685\,5 + 0.005\,0 = 49.690\,5 \text{ m}$$

（2）温度改正

钢卷尺的长度随温度变化会出现热胀冷缩，钢卷尺检定时温度一般为20℃，实际丈量时温度有高有低，则：

$$\Delta l_t = \alpha\ (t - t_0)\ l_i$$

式中　Δl_t——温度改正数；

　　　α——钢尺的温度线膨胀系数，一般为 1.2×10^{-5}；

　　　t——丈量时的温度；

　　　t_0——钢尺检定时的标准温度，一般为20℃；

　　　l_i——某尺段长。

【例 1—5】

用钢卷尺丈量某地段长度 29.832 m，丈量时的温度为30℃，求温度改正数及此地段长度（钢卷尺线膨胀系数 $\alpha = 1.2 \times 10^{-5}$）。

解：

$$\Delta l_t = 1.2 \times 10^{-5} \times\ (30 - 20)\ \times 29.832 = 0.003\,6 \text{ m}$$

$$l = 29.832 - 0.003\,6 = 29.828\,4 \text{ m}$$

（3）倾斜改正

设相邻两点高差为 h，量得斜距为 l'，倾斜改正数为 Δl_h，倾斜改正数恒为负，则：

$$\Delta l_h = -\frac{h^2}{2l'}$$

式中　Δl_h——倾斜改正数；

　　　h——相邻两点高差；

　　　l'——量得斜距。

【例 1—6】

某尺段量得斜距为 29.736 m，水准仪测得两点间高差为 $h = 0.472$ m，求两点间距离。

解：

$$\Delta l_h = -\frac{h^2}{2l'} = -\frac{0.472^2}{2 \times 29.736\,0} = -0.003\,7 \text{ m}$$

$$l = 29.736\ 0 + (\ -0.003\ 7\ ) = 29.732\ 3\ \text{m}$$

四、直线定向

确定地面上两点的相对位置时，仅知道两点之间的水平距离还不够，通常还必须确定此直线与标准方向之间的水平夹角。测量上把确定直线与标准方向之间的角度关系称为直线定向。

1. 标准方向的种类

（1）真子午线方向

通过地球表面某点的真子午线的切线方向，称为该点的真子午线方向。真子午线方向是用天文测量方法或用陀螺经纬仪测定的。

（2）磁子午线方向

磁子午线方向是磁针在地球磁场的作用下，磁针自由静止时其轴线所指的方向。磁子午线方向可用罗盘仪测定。

（3）坐标纵轴方向

测量中常以通过测区坐标原点的坐标纵轴为标准，通过测区内任一点与坐标纵轴平行的方向线，称为该点的坐标纵轴方向。

2. 表示直线方向的方法

（1）坐标方位角法

由标准方向直角坐标纵轴的北端起始，按顺时针方向转到直线所夹的水平角称为该直线的坐标方位角，一般用 α 表示。其下方有两个下标注记，表示某直线的方位角，范围是 $0° \sim 360°$。如图 1—60a 所示，直线 $o1$、$o2$、$o3$ 与 $o4$ 的方位角各为 α_{o1}、α_{o2}、α_{o3} 与 α_{o4}。坐标方位角法是直线定向的最常用的表示方法。

直线 AB 的坐标方位角为 α_{AB}，如图 1—60b 所示，而直线 BA 的坐标方位角为 α_{BA}，α_{AB} 与 α_{BA} 相差 $180°$，α_{AB} 称为直线 AB 的正坐标方位角，而 α_{BA} 称为直线 AB 的反坐标方位角。正、反坐标方位角之间关系为：

$$\alpha_{AB} = \alpha_{BA} \pm 180°$$

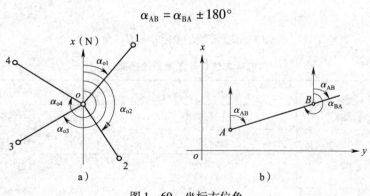

图 1—60 坐标方位角

（2）坐标象限角法

某条直线与坐标纵轴方向之间所夹的锐角，称为该直线的象限角，常用 R 表示。其值范围为 $0° \sim 90°$。

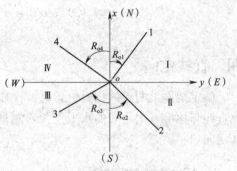

图1—61　坐标象限角

如图1—61所示，直线 $o1$、$o2$、$o3$、$o4$ 的象限角分别为北东 R_{o1}（Ⅰ）、南东 R_{o2}（Ⅱ）、南西 R_{o3}（Ⅲ）和北西 R_{o4}（Ⅳ），分别对应的是图1—62a、b、c、d中的方位角。坐标方位角与象限角的换算见表1—7。

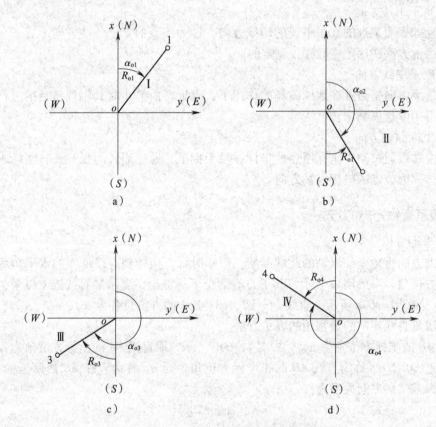

图1—62　直线的象限角和方位角

表1—7　　　　　　　　　　坐标方位角与象限角的换算

所在象限	由象限角推算坐标方位角	坐标方位角角值
Ⅰ，北东（或 NE）	$\alpha = R$	$0° \sim 90°$
Ⅱ，南东（或 SE）	$\alpha = 180° - R$	$90° \sim 180°$
Ⅲ，南西（或 SW）	$\alpha = 180° + R$	$180° \sim 270°$
Ⅳ，北西（或 NW）	$\alpha = 360° - R$	$270° \sim 360°$

3. 坐标方位角的推算

实际测量工作中，并不是直接确定各边的坐标方位角，而是通过与已知坐标方位角的直线连测，并测量出各边之间的水平夹角，然后根据已知直线的坐标方位角，推算出各边的方位角值。

如图1—63所示，12为已知的起始边，其坐标方位角已知为α_{12}，观测了水平角β_2、β_3。则从图1—63中可以看出：

$$\alpha_{23} = \alpha_{21} - \beta_2 = \alpha_{12} + 180° - \beta_2$$
$$\alpha_{34} = \alpha_{32} + \beta_3 = \alpha_{23} + 180° + \beta_3$$

当计算出的α值大于360°时，则应将计算值减去360°。

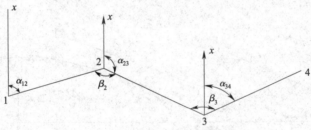

图1—63　坐标方位角的推算

五、视距测量

视距测量是利用水准仪或经纬仪的视距丝（平行于横丝的两条短丝），按照几何光学原理来测定水平距离和高差的一种方法。这种方法操作简单、迅速，不受地形的限制，但精度较低（视距测量的相对精度约为1/300），常用于精度要求不高的地形图测量，在建筑施工中可作为一种粗略的测量方法。

1. 视线水平时的视距测量

在进行水准测量时，观测人员通过读取视距丝（上、下丝）读数，如图1—64所示，即可计算出仪器与水准尺之间的水平距离，其公式为：

$$D = kl$$

式中　D——仪器与水准尺之间的水平距离；

k——视距乘常数，$k = 100$；

l——尺间隔数，$l = $上、下丝读数中的大数减小数。

【例1—7】

在水准测量时，观测人员读得上丝读数为1.323 m，下丝读数为1.644 m，求视距（仪器与尺子之间水平距离）。

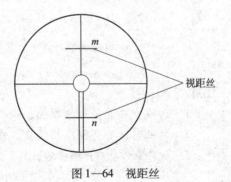

图1—64　视距丝

解：

$$D = 100 \times (1.644 - 1.323) = 32.1 \text{ m}$$

2. 视线倾斜时的视距测量

如图1—65所示，安置仪器于 A 点，量出仪器的高，转动照准部瞄准 B 点视距尺，分别读取中、上、下三丝读数 S、M、N，再使竖盘指标水准管气泡居中，读取竖盘读数 α，如果把竖立在 B 点上视距尺的尺间隔 MN 换算成与视线相垂直的尺间隔 $M'N'$，令 $M'N'$ 就是假设视距尺与视线相垂直的尺间隔 l'，MN 是尺间隔 l，就可计算出倾斜距离 D'。然后再根据 D' 和垂直角 α，算出水平距离 D 和高差 h。

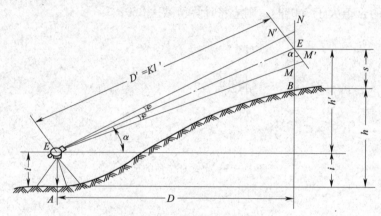

图1—65　视线倾斜时的视距测量

计算如下：

$$D = kl \cos^2\alpha$$

$$h = \frac{1}{2}kl \sin 2\alpha + i - s$$

式中　α——竖直角；

i——仪器高（仪器横轴到地面点位的距离）；

s——中丝读数；

k——视距乘常数，取100。

【例1—8】

已知 $k = 100$，$\alpha = +30°20'20''$，$i = S = 1.4$ m，$l = 1.100$ m，求 D、h 的值。

解：　　　$D = kl \cos^2\alpha = 100 \times 1.100 \times \cos^2 30°20'20'' = 81.935$ m

$$h = \frac{1}{2}kl \sin 2\alpha + i - S = \frac{1}{2} \times 100 \times 1.100 \times \sin 2 \times 30°20'20'' = 47.953 \text{ m}$$

注意

1. 为减少垂直折光的影响，观测时应使视线离地面1 m以上。

2. 作业时，要将视距尺竖直，并尽量用带有水准器的视距尺。

3. 视距乘常数应严格检验，若 k 值在 100 ± 0.1 以内，可作为100，否则应加以改正。

六、光电测距仪量距

1. 光电测距原理

如图1—66所示，欲测定 A、B 两点间的距离 D，可在 A 点安置能发射和接收光波的光电测距仪，在 B 点设置反射棱镜，光电测距仪发出的光束经棱镜反射后，又返回测距仪。通过测定光波在 AB 之间传播的时间 t，根据光波在大气中的传播速度 c，按下式计算距离 D：

$$D = \frac{1}{2}ct$$

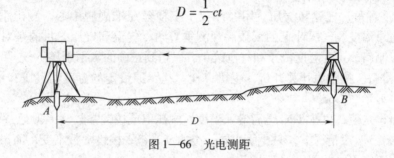

图1—66　光电测距

光电测距仪根据测定时间 t 的方式，分为直接测定时间的脉冲测距法和间接测定时间的相位测距法。高精度的测距仪一般采用相位式。

相位式光电测距仪的测距原理是：由光源发出的光通过调制器后，成为光强随高频信号变化的调制光。通过测量调制光在待测距离上往返传播的相位差 φ 来解算距离。

相位法测距相当于用"光尺"代替钢尺量距，而 $\lambda/2$ 为光尺长度。

相位式测距仪中，相位计只能测出相位差的尾数 ΔN，测不出整周期数 N，因此对大于光尺的距离无法测定。为了扩大测程，应选择较长的光尺。为了解决扩大测程与保证精度的矛盾，短程测距仪上一般采用两个调制频率，即两种光尺。例如：长光尺（称为粗尺）$f_1 = 150$ kHz，$\lambda_1/2 = 1\,000$ m，用于扩大测程，测定百米、十米和米；短光尺（称为精尺）$f_2 = 15$ MHz，$\lambda_2/2 = 10$ m，用于保证精度，测定米、分米、厘米和毫米。

2. 光电测距仪及其使用方法

（1）仪器结构

主机通过连接器安置在经纬仪上部，经纬仪可以是普通光学经纬仪，也可以是电子经纬仪。利用光轴调节螺旋，可使主机的发射接受器光轴与经纬仪视准轴位于同一竖直面内。另外，测距仪横轴到经纬仪横轴的高度与觇牌中心到反射棱镜高度一致，从而使经纬仪瞄准觇牌中心的视线与测距仪瞄准反射棱镜中心的视线保持平行，配合主机测距的反射棱镜，根据距离远近，可选用单棱镜（1 500 m内）或三棱镜（2 500 m内），棱镜安置在三脚架上，根据光学对中器和长水准管进行对中整平。

（2）仪器主要技术指标及功能

短程红外光电测距仪的最大测程为 2 500 m，测距精度可达 ± （3 mm + $2 \times 10^{-6}D$）（其中 D 为所测距离）；最小读数为 1 mm；仪器设有自动光强调节装置，在复杂环境下测量时也可人工调节光强；可输入温度、气压和棱镜常数自动对结果进行改正；可输入垂直角自动计算出水平距离和高差；可通过距离预置进行定线放样；若输入测站坐标和高程，可自动计算观测点的坐标和高程。测距方式有正常测量和跟踪测量，其中正常测量所需时间为 3 s，还能显示数次测量的平均值；跟踪测量所需时间为 0.8 s，每隔一定时间间隔自动重复测距。

（3）仪器操作与使用

1）安置仪器。先在测站上安置好经纬仪，对中、整平后，将测距仪主机安装在经纬仪支架上，用连接器固定螺钉锁紧，将电池插入主机底部扣紧。在目标点安置反射棱镜，对中、整平，并使镜面朝向主机。

2）观测垂直角、气温和气压。用经纬仪十字横丝照准觇牌中心，测出垂直角 α。同时，观测和记录温度及气压计上的读数。观测垂直角、气温和气压，目的是对测距仪测量出的斜距进行倾斜改正、温度改正和气压改正，以得到正确的水平距离。

3）测距准备。按电源开关开机，主机自检并显示原设定的温度、气压和棱镜常数值，自检通过后将显示"good"。

若修正原设定值，可按 TPC 键后输入温度、气压值或棱镜常数（一般通过 ENT 键和数字键逐个输入）。一般情况下，只要使用同一类的反光镜，棱镜常数不变，而温度、气压在每次观测时均可能不同，需要重新设定。

4）距离测量。调节主机照准轴水平调整手轮（或经纬仪水平微动螺旋）和主机俯仰微动螺旋，使测距仪望远镜精确瞄准棱镜中心。在显示"good"状态下，精确瞄准也可根据蜂鸣器声音来判断，信号越强声音越大，上下左右微动测距仪，使蜂鸣器的声音最大，便完成了精确瞄准，出现"＊"。

精确瞄准后，按 MSR 键，主机将测定并显示经温度、气压和棱镜常数改正后的斜距。在测量中，若光束被挡或空气扰动等，测量将暂被中断，此时"＊"消失，待光强正常后继续自动测量；若光束中断 30 s，须光强恢复后，再按 MSR 键重测。

斜距到平距的改算，一般在现场用测距仪进行，方法是：按 V/H 键后输入垂直角值，再按 SHV 键显示水平距离。连续按 SHV 键可依次显示斜距、平距和高差。

注意
1. 气象条件对光电测距影响较大，微风的阴天是观测的良好时机。
2. 测线应尽量离开地面障碍物 1.3 m 以上，避免通过发热体和较宽水面的上空。
3. 测线应避开强电磁场干扰的地方，如测线不宜接近变压器、高压线等。
4. 镜站的后面不应有反光镜和其他强光源等背景的干扰。
5. 要严防阳光及其他强光直射接收物镜，避免光线经镜头聚焦进入机内，将部分元件烧坏，阳光下作业应撑伞保护仪器。

七、罗盘仪的构造和使用

在小测区建立独立的平面控制网时，可用罗盘仪测定直线的磁方位角，作为该控制网起始边的坐标方位角,将过起始点的磁子午线当作坐标纵轴线。

1. 罗盘仪的构造

罗盘仪的主要部件有磁针、刻度盘、照准设备等,如图1—67所示。

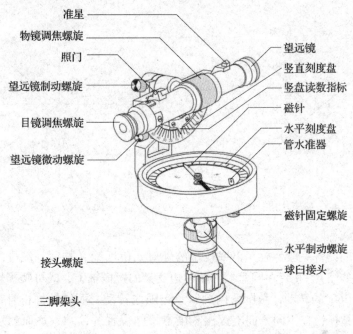

图1—67 罗盘仪的构造

(1)磁针

在圆形的盒内有一个用人造磁铁制成的长条状磁针。在长条状磁针的中心部位下方镶有耐磨的圆形玛瑙小球窝。球窝置于圆盒中心的顶针上,因地球磁场作用的关系,磁针在顶针上可转动。当磁针静止时,磁针两端恒指向地磁的南北极,即磁子午线上。为了防止顶针尖被磨损,在顶针下方设一杠杆装置,在圆盒边缘部位有一螺旋控制杠杆上下动作。不用时,将螺旋旋下,可将顶针抬离而悬空。使用时,将螺旋旋上,可将磁针抬放置于顶针上。

磁针指向北极的一端一般漆为黑色,我国处于北半球,磁针北端因受磁力影响而下倾,故而磁针南端绕有铜丝,使磁针水平,并借以分辨磁针南北端。

(2)刻度盘

在圆形盒内的玻璃盖下,除有磁针外,还有由铝或铜制成的有刻画的圆盘。其刻画有两种形式。一种为全圆从0°~360°逆时针方向注记的刻画圆盘,这种形式的罗盘仪称为方位罗盘仪,用来测定磁方位角。另一种为圆盘上按逆时针方向标注有东、南、西、北四字,南、北两字处各注为0°,东、西两字处各注为90°。按象限划分的象限罗盘仪用来测定直线的象限角。刻度盘上最小分划值有1°或30′两种,在每10°的整倍处注有相应数值。虽然用方位罗盘仪与象限罗盘仪只能测量其相应的一种值,但磁方位角与磁象限角之间仍可按方位角与象限角的关系进行换算。

1）磁方位角。从磁子午线的北端起，顺时针至直线间的夹角称为磁方位角，角值为 $0° \sim 360°$，如图 1—68 所示。

2）磁象限角。从磁子午线的南端或北端起，顺时针或逆时针量至直线的锐角，并注出象限名称，称为磁象限角，角值为 $0° \sim 90°$，如图 1—69 所示。

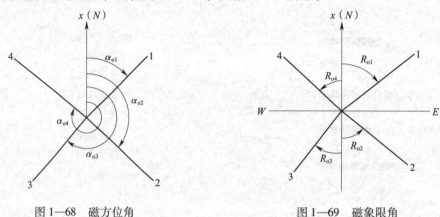

图 1—68　磁方位角　　　　　　　　　　　图 1—69　磁象限角

（3）照准设备

罗盘仪的照准设备一般为放大倍率较小的外对光望远镜（物镜一端可因对光螺旋的旋转而向外、向内伸缩）。它装在圆盒上方的单边支架的短横轴上，既可绕横轴进行纵转，也可绕圆盒中心做 360° 的转动，故圆盒内刻度盘也随之转动。而磁针静止时，恒指向地磁南北极，故以其为指标，在不同方向上读出刻度盘不同位置的读数，从而测定某直线的磁方位角或磁象限角。

2. 罗盘仪的使用

用罗盘仪测定直线的磁方位角时，先将罗盘仪安置在直线的起点，对中、整平。松开磁针固定螺钉，放下磁针，再松开水平制动螺旋，转动仪器，用望远镜照准直线的另一端点所立标志，待磁针静止后，其北端所指的度盘读数，即为该直线的磁方位角（或磁象限角）。

罗盘仪使用时，应注意避免任何磁铁接近仪器，选择测站点应避开高压线，车间、铁栅栏等，以免产生局部吸引，影响磁针偏转，造成读数误差。使用完毕，应立即固定磁针，以防顶针磨损和磁针脱落。

知识拓展

在野外实地如何判定方位

人们出门在外，常常要辨明东、西、南、北，及时判明实地方位。实际判定方位的方法很多，下面介绍几种：

利用指北针判定方位。判定时，手持指北针，待磁针稳定后，磁针红色一端所指的方向即为实地的磁北方向。面向磁北，右为东、左为西，背后为南。

根据太阳阴影确定方位。在一平坦地上垂直插入长约 1 m 的木棍，并标出阴影的端点。约过 15 min 后，再标出阴影的第二个端点。这时过这两个端点做一直线，过木棍底部做该直线的垂线，这条垂线即指向北方。

有些地方由于受阳光、气候等自然条件的影响，形成了某些与方位有关的特征，也可以利用这些特征来概略地判定方位。如独立树，通常是南面枝叶茂密、树皮光滑；北面树叶较少，树皮粗糙。独立树被砍伐后，树桩上的年轮通常是北面间隔小，南面间隔大。又如突出地面的物体，像土堆、堤坎、独立石、建筑物等，其朝南地面干燥、春草早生、冬雪先化；北面地上潮湿、夏长青苔、冬存积雪。

在晴朗的夜晚，还可以用北极星判定方位。

第五节　测量误差基础知识

一、测量误差概述

1. 测量误差产生的原因

测量时，由于各种因素会造成少许的误差，这些因素必须去了解并有效解决，方可使整个测量过程中误差减至最少。实践证明，产生测量误差的原因主要有以下三个方面：

（1）人为因素

由于人为因素所造成的误差，包括观测者的技术水平和感觉器官的鉴别能力有一定的局限性，主要体现在仪器的对中、照准、读数等方面。

（2）测量仪器的原因

由于测量仪器的因素所造成的误差，包括测量仪器在构造上的缺陷、仪器本身的精度、磨耗误差及使用前未经校正等因素。

（3）外界的因素

在测量工作中的外界条件是变化的，如大气温度、湿度、风力、植被的不同、地面土质的差异、地形的起伏、周围建筑物的状况，以及太阳光线的强弱、照射的角度大小等，都会对测量的结果产生影响。

通常把这三个方面综合起来称为观测条件。观测条件将影响观测成果的精度。若观测条件好，则测量误差小，测量的精度就高；反之，则测量误差大，精度就低。若观测条件相同，则可认为精度相同。在相同观测条件下进行的一系列观测称为等精度观测；在不同观测条件下进行的一系列观测称为不等精度观测。

在观测的过程中，测量误差总是不可避免的。在弄清来源后，分析其对观测的影响，采取必要的措施，减少或尽量避免误差的产生。

2. 测量误差的分类

测量误差按其性质可分为系统误差和偶然误差两类。

（1）系统误差

在相同的观测条件下，对某一未知量进行一系列观测，若误差的大小和符号保持不变，或按照一定的规律变化，这种误差称为系统误差。例如水准仪的视准轴与水准管轴不平行而引起的读数误差，与视线的长度成正比且符号不变；经纬仪因视准轴与横轴不垂直而引起的方向误差，随视线竖直角的大小而变化且符号不变；距离测量尺长不准产生的误差随尺段数成比例增加且符号不变。这些误差都属于系统误差。

系统误差主要来源于仪器工具上的某些缺陷；来源于观测者的某些习惯的影响，如有些人习惯性地把读数估读得偏大或偏小；来源于外界环境的影响，如风力、温度及大气折光等的影响。

系统误差的特点是具有累积性，对测量结果影响较大，因此，应尽量设法消除或减弱其影响。消除系统误差的方法有两种。

一种是在观测方法和观测程序上采取一定的措施来消除或减弱系统误差的影响。如在水准测量中，保持前视和后视距离相等，来消除视准轴与水准管轴不平行所产生的误差；在测水平角时，采取盘左和盘右观测取其平均值，以消除视准轴与横轴不垂直所引起的误差。

另一种是找出系统误差产生的原因和规律，对测量结果加以改正。如在钢卷尺量距中，可对测量结果加尺长改正和温度改正，以消除系统误差的影响。

（2）偶然误差

在相同的观测条件下，对某一未知量进行一系列观测，如果观测误差的大小和符号没有明显的规律性，即从表面上看，误差的大小和符号均呈现偶然性，这种误差称为偶然误差。如在水平角测量中照准目标时，可能稍偏左也可能稍偏右，偏差的大小也不一样；又如在水准测量或钢尺量距中估读毫米数时，可能偏大也可能偏小，其大小也不一样，这些都属于偶然误差。

产生偶然误差的原因很多，主要是由于仪器或人的感觉器官能力的限制，如观测者的估读误差、照准误差等，以及环境中不能控制的因素，如不断变化着的温度、风力等外界环境所造成。

偶然误差在测量过程中是不可避免的，从单个误差来看，其大小和符号没有一定的规律性，但对大量的偶然误差进行统计分析，却能发现在观测值内部隐藏着一种必然的规律，这给偶然误差的处理提供了可能性。

知识拓展

测量成果中错误与误差的区别

测量成果中除了系统误差和偶然误差以外，还可能出现错误（有时也称为粗差）。错误产生的原因较多，可能由作业人员疏忽大意、失职而引起，如大数读错、读数被记录员记错、照错了目标等；也可能是仪器自身或受外界干扰发生故障引起的。错误对观测成果的影响极大，所以在测量成果中绝对不允许有错误存在。发现错误的方法是：进行必要的重复观测，通过多余观测条件，进行检核验算；严格按照国家有关部门制定的各种测量规范进行作业等。

在测量的成果中，错误可以发现并剔除，系统误差能够加以改正，而偶然误差是不可避免的，它在测量成果中占主导地位，所以测量误差理论主要是处理偶然误差的影响。

3. 偶然误差的特性

偶然误差的特点具有随机性，所以它是一种随机误差。偶然误差就单个而言具有随机性，但在总体上具有一定的统计规律，是服从于正态分布的随机变量。

在实际的测量工作中，大量实践表明，当对某一未知量进行多次观测时，不论测量仪器有多精密，观测进行得多么仔细，所得的观测值之间总是不尽相同。这种差异都是由于测量中存在误差的缘故。测量所获得的数值称为观测值。由于观测中误差的存在而往往导致各观测值与其真实值（简称真值）之间存在差异，这种差异称为测量误差（或观测误差）。用 L_i 代表观测值，X 代表真值，则误差 = 观测值 L_i − 真值 X，即

$$\Delta_i = L_i - X \ (i = 1, \ 2, \ \cdots, \ n)$$

这种误差通常又称为真误差。

在测量实践中，根据偶然误差的分布，可以明显地看出其统计规律。如在相同的观测条件下，观测了 217 个三角形的全部内角。已知三角形内角之和等于 180°，这是三内角之和的理论值即真值 X，实际观测所得的三内角之和即观测值 L。由于各观测值中都含有偶然误差，因此各观测值不一定等于真值，其差即真误差 Δ。以下分两种方法来分析：

（1）表格法

由 $\Delta_i = L_i - X \ (i = 1, \ 2, \ \cdots, \ n)$ 计算可得 217 个内角和的真误差，按其大小和一定的区间（本例为 $d_\Delta = 3''$），分别统计在各区间正负误差出现的个数 k 及其出现的频率 k/n（$n = 217$），列于三角形内角和真误差统计表 1—8 中。

表 1—8　　　　　　　　　　　三角形内角和真误差统计表

误差区间 d_Δ	正误差		负误差		合计	
	个数 k	频率 k/n	个数 k	频率 k/n	个数 k	频率 k/n
$0'' \sim 3''$	30	0.138	29	0.134	59	0.272
$3'' \sim 6''$	21	0.097	20	0.092	41	0.189
$6'' \sim 9''$	15	0.069	18	0.083	33	0.152
$9'' \sim 12''$	14	0.065	16	0.073	30	0.138
$12'' \sim 15''$	12	0.055	10	0.046	22	0.101
$15'' \sim 18''$	8	0.037	8	0.037	16	0.074
$18'' \sim 21''$	5	0.023	6	0.028	11	0.051
$21'' \sim 24''$	2	0.009	2	0.009	4	0.018
$24'' \sim 27''$	1	0.005	0	0	1	0.005
$27''$以上	0	0	0	0	0	0
合计	108	0.498	109	0.502	217	1.000

由统计表可归纳出偶然误差的特性如下：

1）有限性。偶然误差的绝对值不会超过一定的限值。

2）聚中性。绝对值小的误差比绝对值大的误差出现的机会多。

3）对称性。绝对值相等的正、负误差出现的机会相等。

4）抵消性。随着观测次数的无限增加，偶然误差的理论平均值趋近于零。

（2）直方图法

为了更直观地表现误差的分布，可将三角形内角和真误差统计表的数据用较直观的频率直方图来表示。以真误差的大小为横坐标，以各区间内误差出现的频率 k/n 与区间 d_Δ 的比值为纵坐标，在每一区间上根据相应的纵坐标值画出一矩形，则各矩形的面积等于误差出现在该区间内的频率 k/n。如图 1—70 所示，有斜线的矩形面积，表示误差出现在 $6'' \sim 9''$ 的频率，等于 0.069。显然，所有矩形面积的总和等于 1。

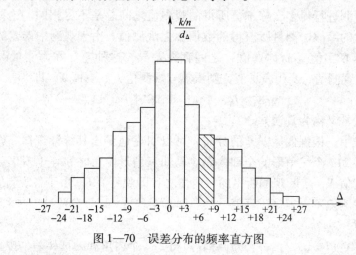

图 1—70　误差分布的频率直方图

二、评定测量精度的指标

研究测量误差理论的主要任务之一，是要评定测量成果的精度。

1. 精度

精度就是观测成果的精确程度，是指对某一个量的多次观测中，其误差分布的密集或离散的程度。在一定的观测条件下进行一组观测，如果小误差的个数相对较多，误差较为集中于零的附近，从误差统计直方图上看，则显示为纵轴附近的长方条形成高峰，且各长方条构成的阶梯比较陡峭，即表明这组观测值的误差分布较密集，观测值间的差异较小，说明这组观测值的精度较高；如果小误差的个数相对较小，误差较为分散，从误差统计直方图上看，则显示为从轴附近的长方条顶峰较低，且长方条构成的阶梯较平缓，即表明误差分布较离散，观测值间的差异较大，说明这组观测值的精度较低。

在相同的观测条件下所测得的一组观测值，这一组中的每一个观测值都具有相同精度。虽然其真误差不相等，但对应于同一误差分布，称这些观测值是等精度的。由此，需要建立一个统一的衡量精度的标准，给出一个数值的概念，是该标准及其数值大小能发现出误差分布的离散或密集的程度，称为衡量精度的指标。

2. 中误差与相对误差

（1）中误差

在实际测量工作中，不可能对某一量做无穷多次观测，因此，按有限次数 n 观测的偶然误差求得的标准差定义为中误差 m。计算公式为：

$$m = \pm\sqrt{\frac{[\Delta\Delta]}{n}}$$

式中 m——中误差；

$[\Delta\Delta]$——一组等精度观测误差 Δ_i 自乘的总和；

n——观测数。

中误差不同于各个观测值的真误差，它是衡量一组观测精度的指标，其大小反映出一组观测值的离散程度。中误差越小，观测精度就高；反之，中误差越大，表明观测的精度越低。

【例1—9】 甲、乙两组同学各自用相同的条件观测了六个三角形的内角，得三角形的闭合差（即三角形内角和的真误差）分别为：

甲：3″、1″、−2″、−1″、0″、−3″

乙：6″、−5″、1″、−4″、−3″、5″

试分析两组的观测精度。

解：

用中误差公式计算得：

$$m_{甲} = \pm\sqrt{\frac{[\Delta\Delta]}{n}} = \pm\sqrt{\frac{3^2 + 1^2 + (-2)^2 + (-1)^2 + 0^2 + (-3)^2}{6}} = \pm 2.0''$$

$$m_{乙} = \pm\sqrt{\frac{[\Delta\Delta]}{n}} = \pm\sqrt{\frac{6^2 + (-5)^2 + 1^2 + (-4)^2 + (-3)^2 + 5^2}{6}} = \pm 4.3''$$

从上述两组结果中可以看出，甲组的中误差较小，所以观测精度高于乙组。而直接从观测误差的分布来看，也可看出甲组观测的小误差比较集中，离散度较小，因而观测精度高于乙组。所以在测量工作中，普遍采用中误差来评定测量成果的精度。

需要注意的是，在一组同精度的观测值中，尽管各观测值的真误差出现的大小和符号各异，而观测值的中误差却是相同的，因为中误差反映观测的精度，只要观测条件相同，则中误差不变。

（2）相对误差

真误差和中误差都有符号，并且有与观测值相同的单位，它们被称为"绝对误差"。绝对误差可用于衡量那些诸如角度、方向等误差与观测值大小无关的观测值的精度。但在某些测量工作中，绝对误差不能完全反映出观测的质量。如用钢卷尺丈量长度分别为100 m和200 m的两段距离，若观测值的中误差都是 ±2 cm，不能认为两者的精度相等，显然后者要比前者的精度高，这时采用相对误差就比较合理。相对误差 K 等于误差的绝对值与相应观测值的比值。它是一个不名数，常用分子为 1 的分式表示，即：

$$相对误差 = \frac{误差的绝对值}{观测值} = \frac{1}{T}$$

式中当误差的绝对值为中误差 m 的绝对值时，K 称为相对中误差：

$$K = \frac{|m|}{D} = \frac{1}{\dfrac{D}{|m|}}$$

在上例中用相对误差来衡量，则两段距离的相对误差分别为：

$$K = \frac{|m|}{D} = \frac{1}{\dfrac{D}{|m|}} = \frac{0.02}{100} = \frac{1}{5\ 000}$$

和

$$K = \frac{|m|}{D} = \frac{1}{\dfrac{D}{|m|}} = \frac{0.02}{200} = \frac{1}{10\ 000}$$

从计算结果可以看出后者精度较高。在距离测量中还常用往返测量结果的相对误差来检核距离测量的内部符合精度。计算公式为：

$$\frac{|D_{往} - D_{返}|}{D_{平均}} = \frac{|\Delta D|}{D_{平均}} = \frac{1}{\dfrac{D_{平均}}{|\Delta D|}}$$

相对误差是真误差的相对误差，它反映的只是往返测的符合程度，显然，相对误差越小，观测结果越可靠。

三、误差传播定律

前面已经叙述了评定观测值的精度指标，并指出在测量工作中一般采用中误差作为评定精度的指标。但在实际测量工作中，往往会碰到有些未知量是不可能或者是不便于直接观测的，而由一些可以直接观测的量，通过函数关系间接计算得出，这些量称为间接观测量。如用水准仪测量两点间的高差 h，是通过后视读数 a 和前视读数 b 来求得的 $h = a - b$。由于直接观测值中都带有误差，因此未知量也必然受到影响而产生误差。阐述观测值的中误差与函数的中误差之间关系的定律称为误差传播定律，它在测量学中有着广泛的用途。

1. 倍数的函数关系

设 Z 是独立观测值 x_1，x_2，$\cdots$，x_n 的函数，即：

$$Z = kx$$

式中　k——常数；

　　　x——独立观测值；

　　　Z——x 的函数。

当观测值 x 含有真误差 Δx 时，使函数 Z 也将产生相应的真误差 ΔZ，设 x 值观测了 n

次，则：

$$\Delta Z_n = k\Delta x_n。$$

将上式两端平方，求其总和，并除以 n 得：

$$\frac{[\Delta Z \Delta Z]}{n} = k^2 \frac{[\Delta x \Delta x]}{n}$$

按中误差的定义，则有：

$$m_Z^2 = \frac{\Delta_Z^2}{n}$$

$$m_x^2 = \frac{\Delta_x^2}{n}$$

即：

$$m_Z^2 = k^2 m_x^2$$

$$m_Z = k m_x$$

观测值与常数乘积的中误差，等于观测值中误差乘常数。

【例 1—10】　在 1:500 地形图上量得某两点间的距离 $d = 134.5$ mm，其中误差 $m_d =$ ± 0.2 mm，求该两点的地面水平距离 D 的值及中误差 m_D。

解：

函数关系式为 $D = Md$，属倍数函数，$M = 500$ 是地形图比例尺分母。

$$D = Md = 500 \times 0.134\ 5 = 67.25 \text{ m}$$

$$m_D = M m_d = 500 \times (\pm 0.000\ 2) = \pm 0.1 \text{ m}$$

两点的实际距离结果可写为 (67.25 ± 0.1) m。

2. 和或差的函数关系

设有函数：

$$Z = x \pm y$$

式中，x 和 y 均为独立观测值；Z 是 x 和 y 的函数。当独立观测值 x、y 含有真误差 Δx、Δy 时，函数 Z 也将产生相应的真误差 ΔZ，如果对 x、y 观测了 n 次，则有：

$$\Delta Z = \Delta x_n + \Delta y_n$$

将上式两端平方，求其总和，并除以 n 得：

$$\frac{[\Delta Z \Delta Z]}{n} = \frac{[\Delta x \Delta x]}{n} + \frac{[\Delta y \Delta y]}{n}$$

根据偶然误差抵消性和中误差定义，得 $m_Z^2 = m_x^2 + m_y^2$，即：

$$m_Z^2 = \pm \sqrt{m_x^2 + m_y^2}$$

由此得出结论：和差函数的中误差，等于各个观测值中误差平方和的平方根。

当 Z 是一组观测值 X_1、X_2、$\cdots$、X_n 代数和（差）的函数时，即 $Z = X_1 \pm X_2 \pm \cdots \pm X_n$，$Z$ 的中误差的平方为 $m_Z^2 = m_{x1}^2 + m_{x2}^2 + \cdots + m_{xn}^2$。

n 个观测值代数和（差）的中误差平方等于 n 个观测值中误差平方之和。在同精度观测时，观测值代数和（差）的中误差，与观测值个数 n 的平方根成正比，即：

$$m_z = m \sqrt{n}$$

【例1—11】 水准测量中，已知后视读数 $a = 1.734$ m，前视读数 $b = 0.476$ m，中误差分别为 $m_a = \pm 0.002$ m，$m_b = \pm 0.003$ m，试求两点的高差及其中误差。

解：

函数关系式为 $h = a - b$，属和差函数，得：

$$h = a - b = 1.734 - 0.476 = 1.258 \text{ m}$$

$$m_h = \pm \sqrt{m_a^2 + m_b^2} = \pm \sqrt{0.002^2 + 0.003^2} = \pm 0.004 \text{ m}$$

两点的高差结果可写为 (1.258 ± 0.004) m。

按上述方法可导出几种常用的简单函数中误差的公式，见表1—9，计算时可直接应用。

表1—9 常用函数的中误差公式

函数式	函数的中误差
倍数函数 $z = kx$	$m_z = km_x$
和差函数 $z = x_1 \pm x_2 \pm \cdots \pm x_n$	$m_z = \pm \sqrt{m_1^2 + m_2^2 + \cdots + m_n^2}$
	若 $m_1 = m_2 = \cdots = m_n$ 时 $m_z = m \sqrt{n}$
线性函数 $z = k_1 x_1 \pm k_2 x_2 \pm \cdots \pm k_n x_n$	$m_z = \pm \sqrt{k_1^2 m_1^2 + k_2^2 m_2^2 + \cdots + k_n^2 m_n^2}$

四、等精度直接观测平差

当测定一个角度、一点高程或一段距离的值时，观测一次就可以获得。但仅有一个观测值，测量对错与否，精确与否，都无从知道。如果进行多余观测，就可以有效地解决上述问题，它可以提高观测成果的质量，也可以发现和消除错误。重复观测形成了多余观测，也就产生了观测值之间互不相等这样的矛盾。如何由这些互不相等的观测值求出观测值的最佳估值，同时对观测质量进行评估，即是"测量平差"所研究的内容。

对一个未知量的直接观测值进行平差，称为直接观测平差。根据观测条件，有等精度直接观测平差和不等精度直接观测平差。平差的结果是得到未知量最可靠的估值，它最接近真值，称为"最或然值"或"最可靠值"，有时也称"最或是值"，一般用 x 表示。此处将讨论如何求等精度直接观测值的最或然值及其精度的评定。

1. 等精度直接观测值的最或然值

等精度直接观测值的最或然值即是各观测值的算术平均值。当观测次数 n 趋近于无穷大时，算术平均值就趋向于未知量的真值。当 n 为有限值时，算术平均值最接近于真值，因此在实际测量工作中，将算术平均值作为观测的最后结果，增加观测次数则可提高观测结果的精度。

2. 评定精度

（1）观测值的中误差

1）由真误差来计算。当观测量的真值已知时，可根据中误差的定义，即：

$$m = \pm \sqrt{\frac{[\Delta\Delta]}{n}}$$

由观测值的真误差来计算其中误差。

2）由改正数来计算。在实际工作中，观测量的真值除少数情况外一般是不易求得的。在多数情况下，只能按观测值的最或然值来求观测值的中误差。

等精度观测用改正数计算观测值中误差的公式，又称"白塞尔公式"：

$$m = \pm \sqrt{\frac{[vv]}{n-1}}$$

（2）最或然值的中误差

一组等精度观测值为 L_1、L_2、$\cdots$、L_n，其中误差均相同，设为 m，最或然值 x 即为各观测值的算术平均值。则有：

$$x = \frac{[L]}{n} = \frac{1}{n}L_1 + \frac{1}{n}L_2 + \cdots + \frac{1}{n}L_n$$

根据误差传播定律，可得出算术平均值的中误差 M 为：

$$M = \frac{m}{\sqrt{n}}$$

算术平均值的中误差也可表达如下：

$$M = \pm \sqrt{\frac{[vv]}{n(n-1)}}$$

【例1—12】

对某角等精度观测 6 次，其观测值见表 1—10。试求观测值的最或然值、观测值的中误差及最或然值的中误差。

解：

由上文可知，等精度直接观测值的最或然值是观测值的算术平均值。

计算各观测值的改正数 v_i，并进行检核，计算结果列于表 1—10。

表 1—10　　　　　　　　　　等精度直接观测平差计算

观测值	改正数 v（″）	vv（″²）
$L_1 = 75°32'13''$	2.5″	6.25
$L_2 = 75°32'18''$	−2.5″	6.25
$L_3 = 75°32'15''$	0.5″	0.25
$L_4 = 75°32'17''$	−1.5″	2.25
$L_5 = 75°32'16''$	−0.5″	0.25
$L_6 = 75°32'14''$	1.5″	2.25
$x = [L]/n = 75°32'15.5''$	$[v] = 0$	$[vv] = 17.5$

计算观测值的中误差为：

$$m = \pm \sqrt{\frac{[vv]}{n-1}} = \pm \sqrt{\frac{17.5}{6-1}} = \pm 1.87''$$

计算最或然值的中误差为：

$$M = \frac{m}{\sqrt{n}} = \pm \frac{1.87''}{\sqrt{6}} = \pm 0.76''$$

算术平均值的中误差是观测值中误差的 $1/\sqrt{n}$ 倍，这说明算术平均值的精度比观测值的精度要高，且观测次数越多，精度越高。所以多次观测取其平均值，是减小偶然误差的影响、提高成果精度的有效方法。

思考练习题

一、简答题

1. 什么是绝对高程和相对高程？

2. 什么是大地水准面和水准面？

3. 什么是高差？

4. 测量工作的程序和原则有哪些？

5. 水准测量的基本原理是什么？

6. DS$_3$ 型微倾式水准仪由哪几部分组成？

7. 如何粗略整平水准仪？如何精确整平水准仪？

8. 如何消除视差？

9. 水准路线有几种形式？

10. 误差产生的主要原因是什么？

11. 光学经纬仪由哪几部分组成？有哪些读数方法？如何读数？

12. 什么是水平角，什么是竖直角？

13. 简述直线定线的方法。

14. 简述钢卷尺量距的一般方法。

15. 简述精密量距的方法。

16. 精密量距结果计算时需加入的三项改正数是什么？写出其公式。

17. 什么是直线定向？测量工作中常以何种方式确定直线的方向？

18. 简述测量误差产生的原因。

二、计算题

1. 地面上两点 A、B，$H_A = 53.274$ m，$H_B = 107.323$ m，求 h_{AB} 的值。

2. 某水准测量外业读数如图 1—71 所示，试求 B 点高程，完成水准测量手簿（见表 1—11）的填写和计算。

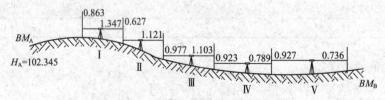

图 1—71 水准测量外业读数

表1—11　　　　　　　　　　　　　　　水准测量手簿

日期＿＿＿＿＿＿＿＿　　　天气＿＿＿＿＿＿＿＿　　　仪器号＿＿＿＿＿＿＿＿

地点＿＿＿＿＿＿＿＿　　　记录＿＿＿＿＿＿＿＿　　　观测：＿＿＿＿＿＿＿＿

测站	测点	水准尺读数（m）		高差（m）		高程（m）	备注
		后视读数（m）	前视读数（m）	+	−		
1	2	3	4	5		6	7
I							
II							
III							
IV							
V							
计算校核							

3. 某闭合水准路线，测量成果如图1—72所示，$H_A = 30.000$ m。试进行平差计算。

4. 按一般水准测量的要求施测某附合水准路线观测成果，如图1—73所示。BM_A 和 BM_B 为已知高程的水准点，图中箭头表示水准测量前进方向，路线上方的数字为测得的两点间的高差（以 m 为单位），路线下方数字为该段路线的长度（以 km 为单位），试计算待定点1、2、3点的高程。

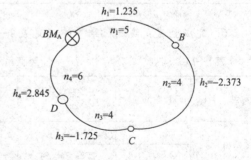

图1—72　闭合水准路线测量成果

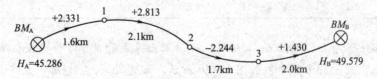

图1—73　附合水准路线观测成果

5. 某同学利用测回法分两个测回测量∠ABC，观测数据如图1—74所示，完成表1—12。

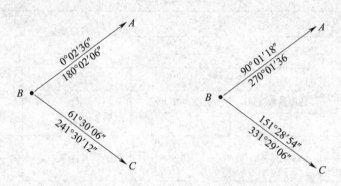

图1—74　测回法测量∠ABC 观测数据

表1—12　　　　　　　　　　　　水平角手簿

测站	竖盘位置	目标	水平度盘读数 ° ′ ″	半测回角值 ° ′ ″	一测回角值 ° ′ ″
B	左	A			
		C			
	右	C			
		A			
B	左	A			
		C			
	右	C			
		A			

6. 完成竖直角观测记录手簿（见表1—13）。

表1—13　　　　　　　　　　　　竖直角观测记录手簿

测站	目标	竖盘位置	竖盘读数 ° ′ ″	半测回角值 ° ′ ″	指标差 ″	一测回角值 ° ′ ″	备注
C	A	左	87　23　42				仰角
		右	272　36　54				
C	B	左	100　16　30				俯角
		右	259　43　18				

7. 如图1—75所示，已知 $\alpha_{12}=36°12'00''$，求出各边的坐标方位角及象限角。

8. 何谓正、反坐标方位角？如图1—76所示，试述 α_{12} 与直线21、直线12的关系，以及 α_{21} 与直线12的关系。

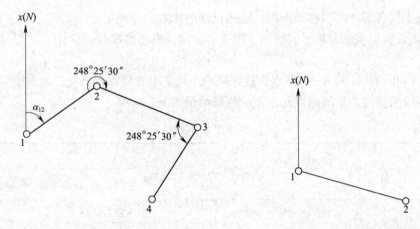

图1—75 坐标方位角和象限角   图1—76 正反坐标方位角

9. 已知某尺实际长度 $l' = 29.996$ m，名义长度为 $l_0 = 30$ m，用此尺丈量两点 A、B，距离为 136.736 0 m，试进行尺长改正。

10. 已知 A、B 两点，丈量其距离为 49.835 5 m，丈量时的温度为 1℃，求温度改正数及 AB 之间的距离。（$\alpha = 1.2 \times 10^{-5}$）

技能训练1   水准仪的认识与使用

一、目的与要求

1. 认识水准仪的基本构造，熟悉各部件的名称和作用。
2. 初步掌握水准仪各部件的使用要领。
3. 初步掌握水准仪的使用。
4. 熟练准确读取水准尺的读数。
5. 能测出两点间的高差。

二、仪器与工具

DS_3 型水准仪1台、三脚架1个、水准尺2把、尺垫2个、记录表格一张。

三、训练方法与步骤

1. 每小组 4~6 人为宜，每组选组长一名。
2. 选择一空旷、较平坦场地。
3. 以小组为单位，练习从箱中取出仪器（注意仪器在箱中是如何放置的），并安置仪器。认识水准仪各部件的名称和作用，熟悉仪器的构造，完成报告的填写。

4. 小组成员轮流练习粗平、瞄准、精平、读数，熟悉水准仪的使用。实习过程中轮流扶尺。

5. 选择 40~60 m 的 A、B 两点，放好尺垫，尺垫上立尺，仪器立于两点中间。小组成员采用改变仪器高的方法测两点间高差。数据填于表 1—14 中。

表 1—14　　　　　　　　　　　　　　　水准测量手簿

日期 _____　　天气 _____　　仪器号 _____
地点 _____　　记录 _____　　观测 _____

测站	点号	后视读数（m）	前视读数（m）	高差（m）		高程
				+	−	
I						
II						
	总和∑					

四、训练报告

1. 看图填空

对照仪器，按图 1—77 上的号码填出各部件的名称。

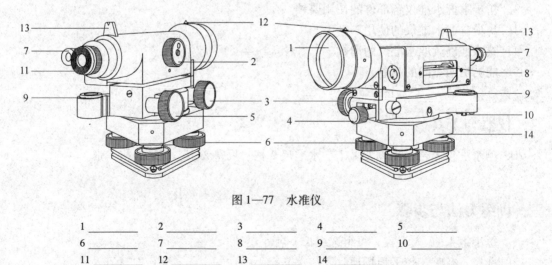

图 1—77　水准仪

1 _____　　2 _____　　3 _____　　4 _____　　5 _____
6 _____　　7 _____　　8 _____　　9 _____　　10 _____
11 _____　　12 _____　　13 _____　　14 _____

2. 计算两点间的高差并填写在表 1—14 中。

技能训练 2 闭合水准路线的测量

一、目的与要求

1. 掌握一般水准路线测量施测的方法。
2. 要求各小组完成一条闭合水准路线的施测记录和计算工作。
3. 利用各小组外业观测的成果，完成内业计算，求出路线上各待定点的高程。
4. 精度要求：容许闭合差按下式计算：$f_h = \pm 12 \sqrt{n}$。

二、仪器与工具

DS$_3$ 型水准仪 1 台、三脚架 1 个、水准尺 2 把、尺垫 2 个、记录表格 2 张、木桩 4～5 个、斧头 1 把。

三、训练方法与步骤

1. 布设闭合水准路线：教师事先选好场地，确定起止点，并假定其高程。对实习小组进行线路分配，比如一部分小组沿顺时针路线测量，另一部分小组沿逆时针线路测量。学生沿线路每隔 3～4 站钉下一木桩，作为待测高程点，并编号。
2. 转点位置由学生自定，视线长度不超过 100 m。
3. 按水准测量的方法完成闭合水准路线的测量，并完成两个表格的计算。

四、注意事项

1. 已知水准点和待定水准点上立尺时，尺直接放在点上，不应放在尺垫上。
2. 瞄准水准尺后，要注意对光，消除视差。每次读数前，水准管气泡准确居中，弧线吻合。
3. 读数时，尺应竖直，读数正确。
4. 迁站要慎重，迁站时，前视转点尺垫不能移动，后视尺的搬迁必须得到观测者的同意后，才能往下一站前视处转移。

五、训练报告

1. 将小组观测读数如实记录在表格 1—15 内。

表 1—15   **水准测量手簿**

日期＿＿＿＿＿＿＿＿ 天气＿＿＿＿＿＿＿＿ 仪器号＿＿＿＿＿＿＿＿

地点＿＿＿＿＿＿＿＿ 记录＿＿＿＿＿＿＿＿ 观测＿＿＿＿＿＿＿＿

测站	点号	后视读数（m）	前视读数（m）	高差（m）		高程
				+	−	
I						
II						
III						
IV						
V						
VI						
VII						
VIII						
IX						
总和 Σ						
校核计算						

2. 完成水准测量成果计算，填写在表1—16内。

表1—16 水准测量成果计算表

日期＿＿＿＿＿＿＿ 计算＿＿＿＿＿＿＿ 地点＿＿＿＿＿＿＿ 校核＿＿＿＿＿＿＿

点号	距离 （m）	测站数	观测高差 （m）	改正数 （mm）	改正后的高差 （m）	高程 （m）
1	2	3	4	5	6	7
I						
总和∑						
辅助计算						

技能训练3 经纬仪的认识与使用

一、目的与要求

（1）认识光学经纬仪的基本构造，熟悉各部件的名称与作用。

（2）初步掌握经纬仪的使用：对中、整平、瞄准、读数的方法。

（3）能测出一个水平角。

二、仪器与工具

DJ₆型光学经纬仪1台，三脚架1个，木桩、小钉各3个，斧头1把，记录表格1份。

三、训练方法与步骤

1. 认识仪器

将仪器安置于开阔、比较安静的场地。认识经纬仪各部件：照准部制动螺旋；微动螺旋；望远镜制动螺旋；微动螺旋；物镜调焦（对光）螺旋；目镜对光螺旋，复测器扳手（或度盘变位手轮）；照准部水准管；竖盘水准管及微动螺旋；读数显微镜；目镜；反光镜；进光窗；测微轮；脚螺旋；脚架中心螺旋；轴座紧固螺旋（禁止误操作）等。

2. 使用准备

将三个木桩打入地面，桩距 40 ~ 60 m，钉上小钉，选其中一个作为测站 O 点。

3. 对中练习

安置仪器于 O 点，打开三脚架置于 O 点，三脚架高度适中，并使架头大致水平，将垂球挂在中心螺旋下面的挂钩上，使垂球尖大致对准小钉（大致上垂球尖与点位小钉标志偏离应小于 2 cm），将三脚架尖踩入土中，将仪器从箱中取出（注意记住仪器在箱中的放置位置）。将仪器安装在架头上，然后将中心螺旋放松一扣，使仪器能在架头上移动，让垂球尖准确对在点位上，拧紧中心螺旋。

4. 整平练习

转动照准部，使照准部水准管平行任意两个脚螺旋的连线，观察气泡移动的方向，两手同时用拇指向里或向外转动脚螺旋，使气泡居中，再将照准部旋转 90°，转动第三个脚螺旋，使气泡居中，对中与整平需反复进行，最终达到既对中又整平的目的。

5. 瞄准目标并进行读数记录练习

转动望远镜使十字丝清晰，盘左位置，转动照准部粗瞄目标 A 点，旋紧制动螺旋，调节物镜对光螺旋，使目标 A 点的影像清晰，调节照准部与望远镜微动螺旋，使十字丝竖丝准确瞄准目标。然后进行度盘配零，调节反光镜位置，使读数显微镜清晰，读数并记录数据于表中。

转动望远镜，瞄准目标 B，测得 B 点读数，记入表 1—17 中。

6. 计算盘左时水平角值。

四、训练报告

1. 看图填空

对照仪器，按图 1—78 上的数字填写出各部件的名称。

表 1—17			角度测量手簿	

日期＿＿＿＿＿＿　　天气＿＿＿＿＿＿＿　　小组＿＿＿＿＿＿＿　　班组＿＿＿＿＿＿＿

仪器型号＿＿＿＿＿＿＿　　观测者＿＿＿＿＿＿＿　　记录者＿＿＿＿＿＿＿

测站	竖盘位置	目标	水平度盘读数 。　′　″	半测回角值 。　′　″

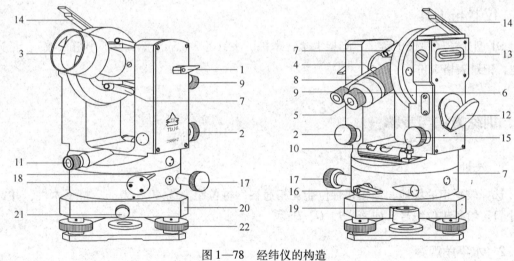

图 1—78　经纬仪的构造

1. ＿＿＿＿　　　2. ＿＿＿＿　　　3. ＿＿＿＿　　　4. ＿＿＿＿　　　5. ＿＿＿＿
6. ＿＿＿＿　　　7. ＿＿＿＿　　　8. ＿＿＿＿　　　9. ＿＿＿＿　　　10. ＿＿＿＿
11. ＿＿＿＿　　12. ＿＿＿＿　　13. ＿＿＿＿　　14. ＿＿＿＿　　15. ＿＿＿＿
16. ＿＿＿＿　　17. ＿＿＿＿　　18. ＿＿＿＿　　19. ＿＿＿＿　　20. ＿＿＿＿
21. ＿＿＿＿　　22. ＿＿＿＿

2. 水平角计算

（1）根据所使用的仪器，判定：水平度盘分划值为＿＿＿＿＿＿，测微分划尺最小格值为＿＿＿＿＿＿，最小估读值是＿＿＿＿＿＿。

（2）根据所使用的仪器，简述在起始方向上如何配置水平度盘为 0°00′00″。

技能训练 4　水平角与竖直角的观测

一、目的与要求

1. 掌握测回法水平角的操作过程。

2. 根据小组人数情况，利用测回法完成一个多边形内角和的测量工作，小组人数等于多边形边数，每人测一个内角。

3. 了解经纬仪竖盘构造，掌握竖直角观测方法。

4. 能进行竖直角的计算。

5. 测回法测水平角时上下半测回角值之差不应大于 $40''$，多边形内角和容许闭合差 $f_{\beta容} = \pm 40'' \sqrt{n}$（$n$ 为多边形的边数）。竖盘指标差不得大于 $25''$。

二、仪器与工具

DJ$_6$ 型光学经纬仪 1 台，三脚架 1 个，木桩、小钉各 3～5 个（不少于小组人数），斧头 1 把，记录表格 1 份。

三、训练方法与步骤

1. 选址

选择较平坦的场地，各相邻桩位能互相通视，桩位距离为 40～60 m，打下木桩，并钉上小钉。给各桩位编号，如 A、B、C、D 等。

2. 水平角观测

小组每人一个角，利用测回法测量各内角，以测 B 角为例，测量过程如下：

（1）在 B 点安置经纬仪，对中、整平。

（2）先以盘左位置，瞄准 A 点，归零，读取水平度盘读数记入表格。

（3）转动照准部，瞄准 C 点，读取水平度盘读数记入表格。

以上为上半测回，计算出上半测回角值。

（4）倒转望远镜为盘右，瞄准 C 点，读取水平度盘读数记入表格。

（5）转动照准部瞄准 A 点，读取水平度盘读数，记入表 1—18 中。

以上为下半个测回，计算出下半测回角值。

上、下半测回角值之差若不超过 $40''$，取其平均值作为 $\angle B$ 的值，若超出则重测。

表 1—18　　　　　　　　　　　　　　　　水平角测量手簿

测站	竖盘位置	目标	水平度盘读数		半测回角值	一测回角值
			° ′ ″		° ′ ″	° ′ ″
	左					
	右					
	左					
	右					
	左					
	右					
	左					
	右					

同样可利用测回法测出其余各角值，求出内角和 $\sum\beta$，闭合差 $f_\beta = \sum\beta - (n-2) \times 180°$，应满足 $f_\beta \leqslant f_{\beta容}$。

3. 竖直角观测

选择一较平坦场地，周围有高或低的目标物。

（1）安置好仪器，整平，以盘左位置，使望远镜大致水平，缓缓抬起望远镜，从读数显微镜中观察，竖盘读数是增大还是减小，若增大，则计算公式为：

$$\alpha_L = L - 90°$$

$$\alpha_R = 270° - R$$

若减小，则计算公式为：

$$\alpha_L = 90° - L$$

$$\alpha_R = R - 270°$$

（2）盘左位置，瞄准目标，调节竖盘指标水准管微动螺旋，使竖盘指标水准管居中，从读数显微镜中读出竖盘读数，记入表格，计算 α_L，此为上半测回。

（3）倒转望远镜成盘右位置，同上完成下半测回，若 $x = \dfrac{1}{2}(L + R - 360°) \leqslant 25″$，

则：

$$\alpha = \frac{\alpha_L + \alpha_R}{2}$$

填入表 1—19 中。

表 1—19　　　　　　　　　　竖直角测量手簿

测站	目标	竖盘位置	竖盘读数 ° ′ ″	半测回角值 ° ′ ″	指标差 ″	一测回角值 ° ′ ″	备注
C	A	左					
		右					
C	B	左					
		右					

技能训练 5　钢卷尺测距（一般方法）

一、目的与要求

1. 认识钢卷尺，找准零点位置，认清刻画与标注。
2. 掌握用一般方法进行钢尺量距。
3. 精度要求，往返丈量的相对误差 $k \leqslant 1/3\ 000$。

二、仪器与工具

钢卷尺 1 把，测钎 1 组（6 根），标杆 3 个，木桩、小钉各 2 个，斧头 1 把。

三、训练方法与步骤

1. 根据钢卷尺长度，在平坦的场地上选择两点 A、B，使其长度为 4~5 个整尺长。
2. A、B 两点打下木桩，桩顶钉上小钢钉，作为 A、B 的准确位置。
3. 在 A、B 两点外侧竖立标杆，进行目估定线。
4. 前、后尺手将钢卷尺放平，蹲下，后尺手以尺零点对准起点 A 的点位。前尺手将钢卷尺经过标记点，并发出"预备"口令。此时，两人用适当的拉力，将钢卷尺拉稳、拉平、拉直。当后尺手零点准确对在起点点位处，发出"好"的信号，前尺手在尺末端整尺长的终点处竖直插下一根测钎，完成往返测第一个整尺长的丈量。
5. 两人同时携尺前进，当后尺手到达插第一根测钎处止步。用同法定线，丈量第二尺段。量完第二尺段后，后尺手拔出第一根测钎。如此连续重复第一尺段的操作，直至最后一个不足整尺长的零尺段，后尺手仍以尺的零点对准测钎中部，前尺手读出终点处尺上的读数，即为零尺段长度，读数应至毫米。

6. 以上完成往返测第一线段 AB 距离的丈量，按下式计算全长：

$$D_{往} = nl + l'$$

式中　n——整尺段数（应与后尺手收回的测钎数相等）；

　　　l——整尺段长度；

　　　l'——零尺段长度。

7. 进行往返丈量。取往返丈量的平均值，并按下式计算相对误差 K：

$$D_{返} = nl + l'$$

$$K = \frac{|D_{往} - D_{返}|}{D_{平均}}$$

K 值应不大于 1/3 000 的精度要求。若超限，应重新进行丈量。

四、注意事项

1. 丈量时，定线要准。钢尺应拉直、拉平、拉稳，用力要均匀。插测钎时应竖直插下。如遇到水泥、沥青路面，可在地面整尺长的末端处画记号表示。
2. 零尺段的读数应仔细，不要读错米、分米位。零点位置不要用错。
3. 钢卷尺严防车辆碾压。尺身不应在地面拖拉磨损。用后要擦净上油。

五、训练报告

完成表 1—20 的填写。

表 1—20　　　　　　　　　　距离丈量记录与计算

日期＿＿＿＿＿　天气＿＿＿＿＿　班级＿＿＿＿＿　小组＿＿＿＿＿

钢尺编号＿＿＿＿＿　尺长 L＿＿＿＿＿　记录者＿＿＿＿＿

线段名称	丈量方向	整尺段数 n	零尺读数（m）	线段长度（m）$D = n \cdot l + l'$	距离平均值（m）	往返较差 ΔD（m）	精度 K
	往						
	返						
	往						
	返						
	往						
	返						
	往						
	返						

第二章　建筑控制测量

学习目标

掌握控制测量基本理论、基本方法，并能运用控制测量的理论和方法解决实际工程问题，通过对本章的学习，使学生掌握控制网布设的方法、外业测量的基本技能、内业数据处理等。

为了保证施工测量的精度和速度，使各个建筑物、构筑物的平面位置和高程都能符合设计要求，互相连成统一的整体，施工测量必须遵循"从整体到局部，先控制后碎部"的原则，也就是说首先建立控制网，然后根据控制网进行碎部测量和测设。在一定区域内为地图测绘或工程测量需要而建立的控制网并按相关规范要求进行的测量工作称为控制测量。控制网是在选定区域内，确定数量较少且分布大致均匀的一系列对整体有控制作用的点作为控制点（控制点的平面坐标和高程用合适的测量仪器进行精确的测定），按一定的规律和要求构成网状几何图形。控制网分为平面控制网和高程控制网两种。

平面控制网是确定地貌地物平面位置的坐标体系，按控制等级和施测精度分为一、二、三、四等网。高程控制网是大地控制网的一部分。高程控制网用水准测量方法建立。一般采用从整体到局部，逐级建立控制的原则，按次序与精度分为一、二、三、四等水准测量。水准测量的施测路线称为水准路线，一等水准路线是高程控制骨干，是研究地壳垂直移动和解决科学研究的主要依据。各等水准路线上每隔一定距离埋设水准标石，该点称为"水准点"，即高程控制点。测定控制点平面位置的工作，称为平面控制测量。测定控制点高程的工作，称为高程控制测量。

第一节　平面控制测量

一、测量控制网的分类

测量控制网按其控制的范围分为国家平面控制网、城市平面控制网、小地区平面控制网三类。

1. 国家平面控制网

国家平面控制网又称基本控制网。在全国范围内建立的平面控制网，称为国家控制网，它是全国各种比例尺测图和工程建设的基本控制，同时为空间科学、军事等提供点的坐标、距离及方位资料，也可用于地震预报和研究地球形状、大小。图2—1所示为国家控制网的布设和逐级加密情况示意。

国家控制网是用精密测量仪器和方法依照施测精度按一等、二等、三等、四等四个等级建立的，其低级点受高级点逐级控制。

国家平面控制网主要布设成三角网，采用三角测量的方法。布设原则是从高级到低级，逐级加密布设。一等三角网，沿经纬线方向布设，一般称为一等三角锁，是国家平面控制网的骨干；二等三角网，布设在一等三角锁环内，是国家平面控制网的全面基础；三等、四等三角网是二等三角网的进一步加密，以满足测图和施工的需要，如图2—1a所示。

国家高程控制网布设成水准网，采用精密水准测量的方法，如图2—1b所示。

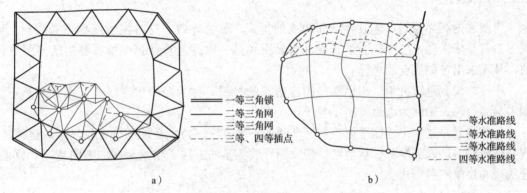

一等三角锁
二等三角网
三等三角网
三等、四等插点

一等水准路线
二等水准路线
三等水准路线
四等水准路线

a)   b)

图2—1 国家控制网的布设和逐级加密情况示意
a) 国家平面控制网（三角网）　b) 国家高程控制网（水准网）

2. 城市控制网

在城市地区，为测绘大比例尺地形图、进行市政工程和建筑工程放样、城市规划、建筑设计及施工放样等目的，在国家控制网的控制下面建立的控制网称为城市控制网或工程控制网。

城市控制网的一般要求如下：

（1）城市平面控制网一般布设为导线网。

（2）城市高程控制网一般布设为二等、三等、四等水准网。

（3）直接供地形测图使用的控制点，称为图根控制点，简称图根点。

（4）测定图根点位置的工作，称为图根控制测量。

（5）图根控制点的密度（包括高级控制点），取决于测图比例尺和地形的复杂程度。

3. 小地区控制网

在面积小于15 km²范围内建立的控制网，称为小地区控制网。建立小地区控制网时，应尽量与国家（或城市）的高级控制网连测，将高级控制点的坐标和高程，作为小地区控制网的起算和校核数据。如果不便连测时，可以建立独立控制网。

小地区高程控制网也应根据测区面积大小和工程要求采用分级的方法建立。测区范围内建立最高一级控制网，称为首级控制网；最低一级的即直接为测图而建立的控制网，称为图根控制网。首级控制与图根控制的关系见表2—1。

表2—1　　　　　　　　　　　　首级控制与图根控制的关系

测区面积（km²）	首级控制	图根控制
1~10	一级小三角或一级导线	两级图根
0.5~2	二级小三角或二级导线	两级图根
0.5以下	图根控制	

二、导线测量

将测区内相邻控制点连成直线而构成的折线，称为导线。这些控制点称为导线点。导线测量就是依次测定各导线边的长度和各转折角值，根据起算数据，推算各边的坐标方位角，从而求出各导线点的坐标。

用经纬仪测量转折角，用钢卷尺测定边长的导线，称为经纬仪导线；若用光电测距仪测定导线边长，则称为电磁波测距导线。

导线测量是建立小地区平面控制网常用的一种方法，特别是地物分布较复杂的建筑区、视线障碍较多的隐蔽区和带状地区，多采用导线测量的方法。根据测区的不同情况和要求，导线可布设成三种形式。

1. 导线布设的三种形式

导线包括闭合导线、附合导线和支导线三种形式，如图2—2所示。

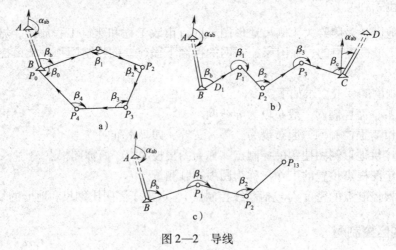

图2—2　导线

a）闭合导线　b）附合导线　c）支导线

（1）闭合导线

起止于同一已知点的导线，称为闭合导线，如图2—2a所示。

（2）附合导线

布设在两已知点间的导线称为附合导线，如图2—2b所示。

（3）支导线

由一已知点和一已知边的方向出发，既不附合到另一已知点，又不回到原起始点的导线，称为支导线，如图2—2c所示。

用导线测量方法建立小地区平面控制网，通常分为一级导线、二级导线、三级导线和图根导线等几个等级。各级导线测量的技术要求见表2—2。

表2—2 导线测量的主要技术要求

等级	导线长度（km）	平均边长（km）	测角中误差（"）	测距中误差（mm）	测距相对中误差	测回数			方位角闭合差（"）	相对闭合差
						DJ$_1$	DJ$_2$	DJ$_6$		
三等	14	3	1.8	20	1/150 000	6	10	—	$3.6\sqrt{n}$	≤1/550 00
四等	9	1.5	2.5	18	1/800 00	4	6	—	$5\sqrt{n}$	≤1/35 000
一级	4	0.5	5	15	1/30 000	—	2	4	$10\sqrt{n}$	≤1/15 000
二级	2.4	0.25	8	15	1/14 000	—	1	3	$16\sqrt{n}$	≤1/10 000
三级	1.2	0.1	12	15	≤1/7 000	—	1	2	$24\sqrt{n}$	≤1/5 000

注：①表中 n 为测站数。

②当测区测图的最大比例尺为1:1 000 时，一级、二级、三级导线的平均边长及总长可适当放长，但最大长度不应大于表中规定的2倍。

2. 导线测量的外业工作

导线测量的外业工作包括勘探选点及建立标志、导线边长的测量、测角和连测。

（1）勘探选点及建立标志

选点前，应调查收集测区已有地形图和高一级控制点的成果资料，把控制点展绘在地形图上，然后在地形图上拟订导线的布设方案，最后到野外去踏勘，实地核对、修改、落实点位和建立标志。如果测区没有地形图资料，则需详细踏勘现场，根据已知控制点的分布、测区地形条件及测图和施工需要等具体情况，合理地选定导线点的位置。

实地选点时应注意以下几点：

1）相邻点间通视良好，地势较平坦，便于测角和量距。

2）点位应选在土质坚实处，便于保存标志和安置仪器。

3）视野开阔，便于测图或放样。

4）导线各边的长度应大致相等，除特殊情形外，相邻边长度比一般不大于1:3，平均边长符合表2—2的规定。

5）导线点应有足够的密度，分布较均匀，便于控制整个测区。

导线点位选定后，要用标志将点位在地面上标定下来。一般的图根点常用木桩、铁钉等标志标定点位。点位标定后，应进行点的统一编号，并且应绘制点的记略图，以便于寻找点位。

（2）导线边长的测量

若用钢卷尺丈量，钢卷尺必须经过检定。对于一级、二级、三级导线，应按钢卷尺量距的精密方法进行丈量。对于图根导线，用一般方法往返丈量或同一方向丈量两次；当尺长改正数大于1/10 000时，应加尺长改正；量距时平均尺温与检定时温度相差10℃时，应进行温度改正；尺面倾斜大于1.5%时，应进行倾斜改正；取其往返丈量的平均值作为成果，并要求其相对误差不大于1/3 000。丈量的相对误差不应超过表2—3中的规定。满足要求时，取其平均值作为丈量的结果。用电滋波测距仪（或全站仪）测定导线边长的中误差一般约为±1 cm。

表2—3　　　　　　　　　　　　　　　测距的主要技术要求

平面控制网等级	仪器精度等级	每边测回数		一测回读数较差（"）	单程各测回较差（mm）	往返测距较差（mm）
		往	返			
三等	5 mm级仪器	3	3	≤5	≤7	≤2（a+b×D）
	10 mm级仪器	4	4	≤10	≤15	
四等	5 mm级仪器	2	2	≤5	≤7	
	10 mm级仪器	3	3	≤10	≤15	
一级	10 mm级仪器	2	—	≤10	≤15	—
二级、三级	10 mm级仪器	1	—	≤10	≤15	

注：①测回是指照准目标一次，读数2~4次的过程。

②困难情况下，边长测距可采取不同时间段测量代替往返测量。

（3）测角

导线的转折角有左右之分，用测回法施测导线左角（位于导线前进方向左侧的角）或右角（位于导线前进方向右侧的角）。一般在附合导线中，测量导线左角，在闭合导线中均测内角。若闭合导线按逆时针方向编号，则其左角就是内角。图根导线，一般用DJ$_6$型光学经纬仪测一个测回。若盘左、盘右测得角值的较差不超过40″，则取其平均值。测量结果满足表2—4的要求。

测角时，为了便于瞄准，可在已埋没的标志上用三根竹杆吊一个大垂球，或用测钎、觇牌作为照准标志。

表 2—4 　　　　　　　　　　　　水平角方向观测法的技术要求

等级	仪器精度等级	光学测微器两次重合读数之差（″）	半测回归零差（″）	一测回内2C互差（″）	同一方向值各测回较差（″）
四等及以上	1″级仪器	1	6	9	6
	2″级仪器	3	8	13	9
一级及以下	2″级仪器	12		18	12
	6″级仪器	18			24

注：①全站仪、电子经纬仪水平角观测时不受光学测微器两次重合读数之差指标的限制。当观测方向的垂直角超过
　　　±3°的范围时，该方向2C互差可按相邻测回同方向进行比较，其值应满足表中一测回内2C互差的限值。
　　②当观测方向不多于3个时，可不归零。
　　③当观测方向多于6个时，可进行分组观测。分组观测应包括两个共同方向（其中一个为共同零方向）。其两
　　　组观测角之差，不应大于同等级测角中误差的2倍。分组观测的最后结果，应按等权分组观测进行测站
　　　平差。
　　④各测回间应配置度盘。水平角测量为了提高测角的精度，有时要求测多个测回，取多个测回角值的平均值。
　　⑤水平角的观测值应取各测回的平均数作为测站成果。

（4）连测

如图2—3所示，导线与高级控制点连接，必须观测连接角 β_A、β_1 和连接边 β_{A1}，作为传递坐标方位角和坐标之用。如果附近无高级控制点，则应用罗盘仪施测导线起始边的磁方位角，并假定起始点的坐标为起算数据。

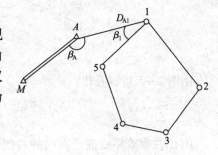

图2—3 连测

3. 导线测量的内业计算

导线测量内业计算的目的就是计算各导线点的坐标。计算之前，应全面检查导线测量外业记录，数据是否齐全，有无记错、算错，成果是否符合精度要求，起算数据是否准确等。然后绘制导线略图，把各项数据注于图上相应位置。

（1）内业计算中数字取位要求

内业计算中数字取位要求要符合表2—5中的数值。

表 2—5 　　　　　　　　　　　　内业计算中数字取位要求

等级	观测方向值及各项修正（″）	边长观测值及各项修正数（m）	边长与坐标（m）	方位角（″）
三等、四等	0.1	0.001	0.001	0.1
一级及以下	1	0.001	0.001	1

（2）坐标方位角的推算

1）正、反坐标方位角。如图 2—4 所示，以 A 为起点、B 为终点的直线 AB 的坐标方位角 α_{AB}，称为直线 AB 的坐标方位角。而直线 BA 的坐标方位角 α_{BA}，称为直线 AB 的反坐标方位角。由图 2—4 中可以看出，正、反坐标方位角间的关系为：

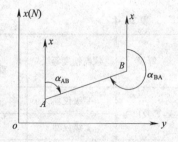

$$\alpha_{AB} = \alpha_{BA} \pm 180°$$

图 2—4　正、反坐标方位角

2）坐标方位角的推算。在实际工作中并不需要测定每条直线的坐标方位角，而是通过与已知坐标方位角的直线连测后，推算出各直线的坐标方位角。如图 2—5 所示，已知直线 12 的坐标方位角 α_{12}，观测了水平角 β_2 和 β_3，要求推算直线 23 和直线 34 的坐标方位角。

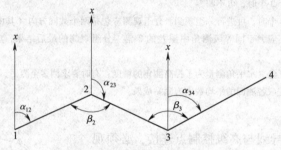

图 2—5　坐标方位角的推算

由图 2—5 可以看出：

$$\alpha_{23} = \alpha_{21} - \beta_2 = \alpha_{12} + 180° - \beta_2$$
$$\alpha_{34} = \alpha_{32} + \beta_3 - 360° = \alpha_{23} - 180° + \beta_3$$

因 β_2 在推算路线前进方向的右侧，该转折角称为右角；β_3 在左侧，称为左角。归纳出推算坐标方位角的一般公式为：

$$\alpha_{前} = \alpha_{后} \pm 180° + \beta_{左}$$
$$\alpha_{前} = \alpha_{后} \pm 180° - \beta_{右}$$

计算中，如果 $\alpha_{前} > 360°$，应减去 $360°$；如果 $\alpha_{前} < 0°$，则加上 $360°$。

3）坐标计算的基本公式。控制测量的主要目的是通过测量和计算求出控制点的坐标，控制点的坐标是根据边长及方位角计算出来的。下面介绍坐标计算基本公式。

①坐标正算。根据直线起点的坐标、直线长度及其坐标方位角计算直线终点的坐标，称为坐标正算。如图 2—6 所示，已知直线 AB 起点 A 的坐标为 (x_A, y_A)，AB 边的边长及坐标方位角分别为 D_{AB} 和 α_{AB}，需计算直线终点 B 的坐标。

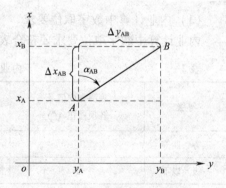

图 2—6　坐标增量计算公式

直线两端点 A、B 的坐标值之差，称为坐标增量，用 Δx_{AB}、Δy_{AB} 表示。由图 2—6 可看出，坐标增量的计算公式为：

$$\Delta x_{AB} = x_B - x_A = D_{AB} \cos \alpha_{AB}$$
$$\Delta y_{AB} = y_B - y_A = D_{AB} \sin \alpha_{AB}$$

计算坐标增量时，正弦函数和余弦函数值随着 α 角所在象限不同而有正负之分，因此算得的坐标增量同样具有正、负号。坐标增量正、负号的规律见表 2—6。

表 2—6 坐标增量正、负号的规律

象限	坐标方位角 α	Δx	Δy
Ⅰ	$0° \sim 90°$	+	+
Ⅱ	$90° \sim 180°$	−	+
Ⅲ	$180° \sim 270°$	−	−
Ⅳ	$270° \sim 360°$	+	−

则 B 点坐标的计算公式为：

$$x_B = x_A + \Delta x_{AB} = x_A + D_{AB} \cos \alpha_{AB}$$
$$y_B = y_A + \Delta y_{AB} = y_A + D_{AB} \sin \alpha_{AB}$$

【例 2—1】 已知图 2—6 中 AB 边的边长及坐标方位角为 $D_{AB} = 135.62$ m，$\alpha_{AB} = 80°36'54''$，若 A 点的坐标为 $x_A = 435.56$ m，$y_A = 658.82$ m，试计算终点 B 的坐标。

解：

根据公式得：

$$x_B = x_A + \Delta x_{AB} = x_A + D_{AB} \cos \alpha_{AB} = 435.56 + 135.62 \times \cos 80°36'54'' = 457.68 \text{ m}$$
$$y_B = y_A + \Delta y_{AB} = y_A + D_{AB} \sin \alpha_{AB} = 658.82 + 135.62 \times \sin 80°36'54'' = 792.62 \text{ m}$$

②坐标反算。根据直线起点和终点的坐标，计算直线的边长和坐标方位角，称为坐标反算。如图 2—6 所示，已知直线 AB 两端点的坐标分别为 (x_A, y_A) 和 (x_B, y_B)，则直线边长 D_{AB} 和坐标象限角 R_{AB} 的计算公式为：

$$D_{AB} = \sqrt{\Delta x_{AB}^2 + \Delta y_{AB}^2}$$
$$R_{AB} = \arctan \frac{\Delta y_{AB}}{\Delta x_{AB}}$$

应该注意的是坐标方位角的角值范围在 $0° \sim 360°$ 间，而 arctan 函数的角值范围在 $-90° \sim 90°$ 间，两者是不一致的。应根据坐标增量 Δx、Δy 的正、负号，把象限角换算成相应的坐标方位角。

【例 2—2】 已知 A、B 两点的坐标分别为 $x_A = 342.99$ m，$y_A = 814.29$ m $x_B = 304.50$ m $y_B = 525.72$ m，试计算 AB 的边长及坐标方位角。

解：

计算 A、B 两点的坐标增量：

$$\Delta x_{AB} = x_B - x_A = 304.50 - 342.99 = -38.49 \text{ m}$$
$$\Delta y_{AB} = y_B - y_A = 525.72 - 814.29 = -288.57 \text{ m}$$
$$D_{AB} = \sqrt{\Delta x_{AB}^2 + \Delta y_{AB}^2} = \sqrt{(-38.49)^2 + (-288.57)^2} = 291.13 \text{ m}$$

$$R_{AB} = \arctan \frac{\Delta y_{AB}}{\Delta x_{AB}} = \arctan \frac{-288.57}{-38.49} = 82°24'09''$$

$$\alpha_{AB} = R_{AB} + 180° = 262°24'09''$$

（3）闭合导线的坐标计算

现以图 2—7 所注的数据为例（该例为图根导线），结合"闭合导线坐标计算表"的使用，说明闭合导线坐标计算的步骤。

1）准备工作。将校核过的外业观测数据及起算数据填入表 2—7，起算数据用双线标明。

2）角度闭合差的计算与调整

$$\sum \beta_{理} = (n-2) \times 180°$$

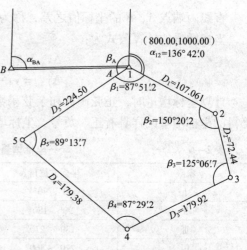

图 2—7　闭合导线外业观测数据

表 2—7　　　　　　　　　　闭合导线坐标计算表

点号	观测角（右角）	改正后的角值	坐标方位角	边长（m）	增量计算值		改正后的增量值		坐标		点号
					$\Delta x'$	$\Delta y'$	Δx	Δy	x	y	
1	2	3	4	5	6	7	8	9	10	11	12
1	-0.2　87°51'.2	87°51'.0							800.00	1000.00	1
			136°42'.0	107.61	-2　-78.32	-3　+73.80	-78.34	+73.77			
2	-0.2　150°20'.2	150°20'.0							721.66	1073.77	2
			166°22'.0	72.44	-1　-70.40	-2　+17.07	-70.41	+17.05			
3	-0.2　125°06'.7	125°06'.5							651.25	1090.82	3
			221°15'.5	179.92	-3　-135.25	-4　-118.65	-135.28	-118.69			
4	-0.2　87°29'.2	87°29'.0							515.97	927.13	4
			313°46'.5	179.38	-3　+124.10	-4　-129.52	+124.07	-129.56			
5	-0.2　89°13'.7	89°13'.5							640.04	824.57	5
			44°33'.0	224.50	-3　+159.99	-6　+157.49	+159.96	+157.43			
1			136°42'.0						800.00	1 000.00	1
2											
$\sum$	540°01'.0	540°00'		763.85	+0.12	+0.19	0	0			

$f_\beta = \sum \beta_{测} - \sum \beta_{理} = 540°01'.0 - 540°00'.0 = 01'.0$　$f_{\beta容} = \pm 40 \sqrt{n} = \pm 40 \sqrt{5} = \pm 89.4'' = \pm 1'30''$

$f_\beta < f_{\beta容}$

$f_x = \sum \Delta x_{测} = 0.12$　$f_y = \sum \Delta y_{测} = 0.19$

导线全长闭合差 $f_D = \sqrt{f_x^2 + f_y^2} = \sqrt{0.12^2 + 0.19^2} = 0.22$

导线全长相对闭合差 $k = \dfrac{f_D}{\sum D} = \dfrac{0.22}{763.85} = \dfrac{1}{3\,472} < \dfrac{1}{3\,000}$

由于观测角不可避免地含有误差，致使实测的内角之和不等于理论值，而产生角度闭合差：

$$f_\beta = \sum \beta_测 - \sum \beta_理$$

各级导线角度闭合差超过容许值，则说明所测角度不符合要求，应重新观测。若不超过，可将闭合差反符号平均分配到各观测角中。改正后内角和应为 $(n-2) \times 180°$，以做计算校核。

3）用改正后的导线左角或右角推算各边的坐标方位角。根据起始边的已知坐标方位角及改正角按下列公式推算其他各导线边的坐标方位角。

$$\alpha_前 = \alpha_后 + \beta_左 \pm 180° \text{（适用于测左角）}$$

$$\alpha_前 = \alpha_后 - \beta_右 \pm 180° \text{（适用于测右角）}$$

在推算过程中必须注意：如果算出的 $\alpha_前 > 360°$，则应减去 $360°$。如果 $\alpha_前 < 0$，则应加 $360°$。闭合导线各边坐标方位角的推算，最后推算出起始边坐标方位角，它应与原有的已知坐标方位角值相等，否则应重新检查计算。

4）坐标增量的计算

$$\Delta x_{12} = D_{12} \times \cos \alpha_{12}$$

$$\Delta y_{12} = D_{12} \times \sin \alpha_{12}$$

5）坐标增量闭合差的计算与调整。闭合导线纵、横坐标增量代数和的理论值应为零，实际上由于量边的误差和角度闭合差调整后的残余误差，往往不等于零，而产生纵坐标增量闭合差与横坐标增量闭合差，即：

$$f_x = \sum \Delta x_测$$

$$f_y = \sum \Delta y_测$$

导线全长闭合差为：

$$f_D = \sqrt{f_x^2 + f_y^2}$$

导线全长相对误差为：

$$f_D = \frac{f_D}{\sum D} = \frac{1}{\sum D / f_D}$$

坐标增量改正数计算：

$$V_{xi} = -\frac{f_x}{\sum D} \cdot D_i$$

$$V_{yi} = -\frac{f_y}{\sum D} \cdot D_i$$

各点坐标推算：

$$x_前 = x_后 + \Delta x_改$$

$$y_前 = y_后 + \Delta y_改$$

（4）附合导线坐标计算

附合导线的坐标计算步骤与闭合导线相同。两者形式不同，角度闭合差与坐标增量闭合差的计算稍有区别。如图 2—8 所示的附合导线坐标的计算见表 2—8。

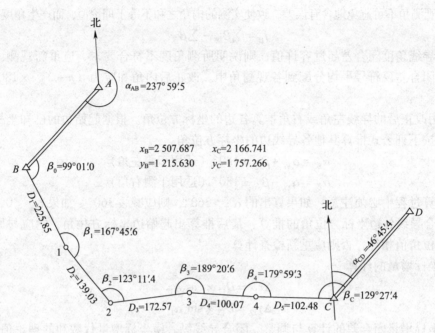

图 2—8　附合导线

表 2—8　　　　　　　　　　　　　　附合导线坐标计算表

点号	观测角 （左角）	改正后 的角度	坐标 方位角	边长 （m）	增量计算值		改正后的增量值		坐标		点号
					$\Delta x'$	$\Delta y'$	Δx	Δy	x	y	
1	2	3	4	5	6	7	8	9	10	11	12
$\dfrac{A}{B}$	+0.1 99°01′.0	99°01′.1	<u>237°59′.5</u>		+45	−43	−207.866	+88.167	<u>2 507.687</u>	<u>1 215.630</u>	B
1	+0.1 167°45′.6	167°45′.7	157°00′.6	225.85	−207.911	+88.210	−113.540	+80.172	2 299.821	1 303.797	1
2	+0.1 123°11′.4	123°11′.5	144°46′.3	139.03	+28 −113.568	−26 +80.198	+6.168	+172.428	2 186.281	1 383.969	2
3	+0.1 189°20′.6	189°20′.7	89°57′.8	172.57	+35 +6.133	−33 +172.461	−12.710	+99.238	2 192.449	1 556.397	3
4	+0.1 179°59′.3	179°59′.4	97°18′.5	100.07	+20 −12.730	−19 +99.257	−12.998	+101.631	2 179.739	1 655.635	4
C	+0.1 129°27′.4	129°27′.5	97°17′.9	102.48	+21 −13.019	−19 +101.650			2 166.741	1 757.266	C
D			<u>46°45′.4</u>								D
Σ	888°45′.3	888°45′.9		740.00	−341.095	+541.776	−340.946	+541.636			

续表

$$f_\beta = \alpha_{始} + \sum\beta_{左} - n \times 180° - \alpha_{终} = 237°59'.0 + 888°45'.3 - 6 \times 180° - 46°45'.4 = -0'.6 = -36''$$

$$f_{\beta容} = \pm40\sqrt{6} = \pm98'' \qquad f_\beta < f_{\beta容}$$

$$f_x = \sum\Delta x_{测} - (x_{终} - x_{始}) = -314.095 - (2\,166.741 - 2\,507.687) = -0.149 \text{ m}$$

$$f_y = \sum\Delta y_{测} - (1\,757.266 - 1\,215.630) = +0.140 \text{ m} \qquad f_D = \sqrt{f_x^2 + f_y^2} = 0.204 \text{ m}$$

$$k = \frac{0.204}{740.00} = \frac{1}{3\,619} < \frac{1}{3\,000}$$

$$f_\beta = \alpha_{始} + \sum\beta_{左} - n180° - \alpha_{终}$$
$$f_x = \sum\Delta x_{测} - (x_{终} - x_{始})$$
$$f_y = \sum\Delta y_{测} - (y_{终} - y_{始})$$

第二节　高程控制测量

　　小区域高程控制测量的主要方法有图根水准测量，三等、四等水准测量和三角高程测量。如果测区地势比较平坦，可采用四等或图根水准测量，三角高程测量则主要用于山区或丘陵地区的高程控制。本节不介绍三角高程测量。

一、图根水准测量技术要求

　　图根水准测量精度低于四等水准测量，故称为等外水准测量，主要用于加密高程控制网与测定图根点的高程。图根水准路线可根据图根点的分布情况，布设成闭合路线、附合路线或支水准路线。图根水准点一般可埋设临时标志。图根水准测量的主要技术要求见表2—9。

表2—9　　　　　　　　　　图根水准测量的主要技术要求

仪器类型	每千米高差全中误差（mm）	附合水准路线的长度（km）	视线长度（m）	观测次数		往返较差、附合或环线闭合差	
				附合或闭合路线	支水准路线	平地（mm）	山地（mm）
DS$_{10}$	20	≤5	≤100	往一次	往返各一次	$40\sqrt{L}$	$12\sqrt{n}$

　　注：①表中 L 为往返测段、附合或环线的水准路线的长度（km），n 为测站数。
　　　　②当水准路线布设成支线时，其路线长度不应大于2.5 km。

二、三等、四等水准测量技术要求

　　三等、四等水准测量，能够应用于建立小区域首级高程控制网。三等、四等水准测量的起算点高程应尽量选用附近的一等、二等水准点，小区域范围内可采用闭合水准路线建立独立的首级高程控制网，假定起算点的高程。如果是进行加密，则多采用附合水准路线或支水准路线。三等、四等水准路线一般沿公路、铁路或管线等坡度较小、便于施测的路线布设。三等、四等水准点一般须长期保存，点位须建立在稳固处。

三、四等水准测量的步骤

四等水准测量一般采用双面尺法观测，其在一个测站上的技术要求见表2—10。

表2—10   水准观测的主要技术要求

等级	水准仪的型号	视线长度（m）	前视后视的距离较差（m）	前视后视的距离较差累积（m）	视线离地面最低高度（m）	基、辅分划或黑面、红面读数较差（mm）	基、辅分划或黑面、红面所测高差较差（mm）
二等	DS$_1$	50	1	3	0.5	0.5	0.7
三等	DS$_1$	100	3	6	0.3	1	1.5
	DS$_3$	75				2	3
四等	DS$_3$	100	5	10	0.2	3	5
等外	DS$_3$	100	近似相等	—	—	—	—

注：①二等水准视线长度小于20 m时，其视线高度不应低于0.3 m。
②三等、四等水准采用变动仪器高度观测单面水准尺时，所测两次高差较差，应与黑面、红面所测高差之差的要求相同。
③数字水准仪观测，不受基、辅分划或黑面、红面读数较差指标的限制，但测站两次观测的高差较差，应满足表中相应等级基、辅分划或黑面、红面所测高差较差的限值。

下面以四等水准为例介绍观测的方法和步骤。

1. 四等水准测量一个测站的观测步骤（后—前—前—后，黑—黑—红—红）

第一步：照准后视尺黑面，精平，分别读取上、下、中三丝读数，并记为（1）、（2）、（3）。

第二步：照准前视尺黑面，精平，分别读取上、下、中三丝读数，并记为（4）、（5）、（6）。

第三步：照准前视尺红面，精平，读取中丝读数，记为（7）。

第四步：照准后视尺红面，精平，读取中丝读数，记为（8）。

这四步观测，简称为"后—前—前—后（黑—黑—红—红）"，这样的观测步骤可消除或减弱仪器或尺垫下沉误差的影响。对于四等水准测量，规范允许采用"后—后—前—前

（黑—红—黑—红）"的观测步骤。

2. 一个测站的计算与检核

（1）视距的计算与检核

后视距（9）＝［（1）－（2）］×100 m

前视距（10）＝［（4）－（5）］×100，四等≯100 m

前、后视距差（11）＝（9）－（10），四等≯5 m

前、后视距差累积（12）＝本站（11）＋上站（12），四等≯10 m

（2）水准尺读数的检核

同一根水准尺黑面与红面中丝读数之差：

前尺黑面与红面中丝读数之差（13）＝（6）＋K－（7）

后尺黑面与红面中丝读数之差（14）＝（3）＋K－（8），四等≯3 mm

（上式中的 K 为红面尺的起点数，为 4.687 m 或 4.787 m）

（3）高差的计算与检核

黑面测得的高差（15）＝（3）－（6）

红面测得的高差（16）＝（8）－（7）

校核：黑、红面高差之差（17）＝（15）－［（16）±0.100］

或（17）＝（14）－（13），四等≯5 mm

高差的平均值（18）＝［（15）＋（16）±0.100］/2

在测站上，当后尺红面起点为 4.687 m，前尺红面起点为 4.787 m 时，取 +0.100，反之，取 －0.100。

四、四等水准测量记录手簿

四等水准测量记录手簿见表 2—11。

表 2—11　　　　　　　　　　四等水准测量记录手簿

仪器：　　　　　观测者：　　　　记录者：　　　　时间：

测站编号	点号	后尺	下丝	前尺	下丝	方向及尺号	水准尺读数（m）		K＋黑－红（mm）	平均高差（m）	备注
			上丝		上丝		黑面	红面			
		后视距离		前视距离							
		视距差 d（m）		Σd（m）							
		(1)		(4)		后尺	(3)	(8)	(14)		
		(2)		(5)		前尺	(6)	(7)	(13)	(18)	
		(9)		(10)		后－前	(15)	(16)	(17)		
		(11)		(12)							

续表

测站编号	点号	后尺	下丝 上丝	前尺	下丝 上丝	方向及尺号	水准尺读数（m）		K+黑-红（mm）	平均高差（m）	备注
		后视距离		前视距离			黑面	红面			
		视距差 d（m）		∑d（m）							
1	BM₂ ~ TP₁	1.426		0.801		后1	1.211	5.998	0	+0.6250	
		0.995		0.371		前2	0.586	5.273	0		
		43.1		43.0		后-前	+0.625	+0.725	0		
		+0.1		+0.1							
2	TP₁ ~ TP₂	1.812		0.570		后1	1.544	6.241	0	+1.2435	K₁=4.787 K₂=4.687
		1.296		0.052		前2	0.311	5.097	+1		
		51.6		51.8		后-前	+1.243	+1.144	-1		
		-0.2		-0.1							
3	TP₂ ~ TP₃	0.889		1.713		后1	0.698	5.486	-1	-0.8245	
		0.507		1.333		前2	1.523	6.210	0		
		38.2		38.0		后-前	-0.825	-0.724	-1		
		-0.2		+0.1							
4	TP₃ ~ BM₁	1.891		0.758		后1	1.708	6.395	0	+1.1340	
		1.525		0.390		前2	0.574	5.361	0		
		36.6		36.8		后-前	+1.134	+1.034	0		
		-0.2		-0.1							

校核	∑(9)=169.5	∑(3)=5.171	∑(8)=24.120
	∑(10)=169.6	∑(6)=2.994	∑(7)=21.941
	∑(9)-∑(10)=-0.1	∑(15)=+2.177	∑(16)=+2.179
	∑(9)+∑(10)=339.1	∑(15)+∑(16)=+4.356	2∑(18)=4.356

思考练习题

1. 简述导线布设的形式。

2. 已知某导线测量数据为：

$D_{CD}=87.230$ m，$\alpha_{CD}=45°30'24''$，$x_C=272.656$ m，$y_C=377.433$ m，

求：$x_D=?$，$y_D=?$

3. 已知 $x_A=377.355$ m，$y_A=278.640$ m，$x_B=456.120$ m，$y_B=300.277$ m，

求：$D_{AB}=?$，$\alpha_{AB}=?$，$\alpha_{BA}=?$

4. 简述四等水准测量一个测站的观测步骤。

技能训练6 四等水准测量

一、目的与要求

1. 掌握四等水准测量的观测、记录和计算方法。
2. 掌握水准测量待定点的高程的计算。
3. 学会用双面水准尺进行四等水准测量的观测、记录、计算方法。
4. 熟悉四等水准测量的主要技术指标，掌握测站及水准路线的检核方法。

二、仪器与工具

水准仪一台，双面水准尺2根，尺垫2个，记录板1块，计算器1个。

三、训练方法与步骤

1. 选定一条闭和水准路线，其长度以安置4~6个及以上测站为宜。沿线标定待定点地面标志。
2. 在起点与第一个立尺之间设站，安置好水准仪之后，按以下顺序观测：
（1）后视黑面尺，读上丝、下丝、中丝读数；分别记入记录表中。
（2）前视黑面尺，读上丝、下丝、中丝读数，分别记入记录表中。
（3）前视红面尺，精平，读中丝读数，记入记录表中。
（4）后视红面尺，精平，读中丝读数，记入记录表中。
3. 各种观测记录完毕应随即计算：
（1）黑面、红面分划读数差填入记录表中。
（2）黑面、红面分划所测高差及黑面、红面较差填入表中。
（3）高差中数填入记录表中。
（4）前、后视距填入记录表表中。
（5）前、后视距差填入记录表中。
（6）前、后视距累积差填入记录表中。
（7）检查各项计算值是否满足限差要求。
4. 依次设站同法施测其他各站。
5. 全路线实施完毕后，求：
（1）路线总长。

（2）各站前、后视距之和。

（3）各站后视读数和、各站前视读数和、各站高差中数之和。

（4）路线闭合差。

（5）各站高差改正数及各待定点的高程。

四、训练报告

校核整理数据，填入表2—12中。

表2—12　　　　　　　　　　三等、四等水准测量记录手簿

仪器：　　　　　　观测者：　　　　　　记录者：　　　　　　时间：

测站编号	点号	后尺	下丝	前尺	下丝	方向及尺号	水准尺读数（m）		K＋黑－红（mm）	平均高差（m）	备注
			上丝		上丝		黑面	红面			
		后视距离		前视距离							
		视距差 d（m）		∑d（m）							
1						后					
						前					
						后－前					
2											
											$K_1 = 4.787$ $K_2 = 4.687$
3											
4											
校核											

第三章 建筑施工测量

学习目标

掌握已知长度、角度、高程的测设，掌握点位的测设方法，了解曲线测设常识，掌握民用建筑的施工测量，了解高层建筑、圆形建筑的测量，了解建筑物变形测量、竣工测量。能熟练进行建筑物的定位、放线测量及高程的传递测量。

施工测量是工程测量的一个主要部分，主要工作为测设（放样），包括测设已知角度、测设已知距离和测设已知高程，建筑物（或构筑物）的施工放样测量。

> **思考**
>
> 　　如图 3—1 所示，某拟建建筑物四个角点为 1、2、3、4，现场设有相互垂直的基线 AB、AC，A、B、C 三个角点的位置已知，并且其方向与建筑物相应两轴平行，你能运用所学的知识测设出拟建建筑物的四个角点的位置吗？
>
>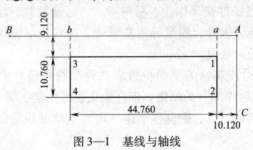
>
> 　　　　　　　图 3—1　基线与轴线

第一节　施工测量概述

一、施工测量的内容和特点

在施工阶段所进行的测量工作称为施工测量。施工测量的目的是把图样上设计的建（构）筑物的平面位置和高程，按设计和施工的要求放样（测设）到相应的地点，作为施工的依据，并在施工过程中进行一系列的测量工作，以指导和衔接各施工阶段和工种间的施工。

1. 施工测量的内容

施工测量贯穿于整个施工过程中。其主要内容有以下几个方面：

（1）施工前建立与工程相适应的施工控制网。

（2）建（构）筑物的放样及构件与设备安装的测量工作，以确保施工质量符合设计要求。

（3）检查和验收工作。每道工序完成后，都要通过测量检查工程各部位的实际位置和高程是否符合要求，根据实测验收的记录，编绘竣工图和资料，作为验收时鉴定工程质量和工程交付后管理、维修、扩建、改建的依据。

（4）变形观测工作。随着施工的进展，测定建（构）筑物的位移和沉降，作为鉴定工程质量和验证工程设计、施工是否合理的依据。

2. 施工测量的特点

（1）施工测量是直接为工程施工服务的，因此它必须与施工组织计划相协调。测量人员必须了解设计的内容、性质及其对测量工作的精度要求，随时掌握工程进度及现场变动，使测设精度和速度满足施工的需要。

（2）施工测量的精度主要取决于建（构）筑物的大小、性质、用途、材料、施工方法等因素。一般高层建筑施工测量精度应高于低层建筑，装配式建筑施工测量精度应高于非装配式，钢结构建筑施工测量精度应高于钢筋混凝土结构建筑。

（3）由于施工现场各工序交叉作业、材料堆放、运输频繁、场地变动及施工机械的震动，使测量标志易遭破坏，因此，测量标志从形式、选点到埋设均应考虑便于使用、保管和检查，如有破坏，应及时恢复。

为了保证各个建（构）筑物的平面位置和高程都符合设计要求，施工测量也应遵循"从整体到局部，先控制后碎部"的原则。即在施工现场先建立统一的平面控制网和高程控制网，然后，根据控制点的点位，测设各个建（构）筑物的位置。此外，施工测量的检核工作也很重要。

二、测设的基本工作

测设就是根据已有的控制点或地物点，按工程设计要求，将待建的建（构）筑物的特征点在实地标定出来。测设的三项基本工作包括已知水平距离的测设、已知水平角的测设和已知高程测设。

1. 已知水平距离的测设

已知水平距离的测设，是从地面上一个已知点出发，沿给定的方向，量出已知（设计）的水平距离，在地面上定出这段距离另一端点的位置。

（1）一般方法

当测设精度要求不高时，可采用一般方法量距。如图 3—2 所示，设 A 为地面上的已知点，D 为设计的水平距离，需要从 A 点开始沿 AB 方向测设水平距离 $D_设$，以标定端点 B。

具体操作为：首先将钢卷尺的零点对准 A，沿 AB 方向将钢卷尺抬平拉直，在尺面上读数为 $D_设$ 处插下测钎或吊垂球，在地面定出点 B'；然后，将钢卷尺移动 $10\sim20$ cm，重复前面的操作，在地面上定出一点 B''，若两次测量的相对误差 $\leqslant 1/3\,000$，取两次的平均位置作为该端点的最后位置 B。

（2）精确方法

当测设精度要求较高时，可先根据设计水平距离 $D_设$，按一般方法在地面概略地定出 B' 点，如图 3—3 所示，然后按照第一章第四节介绍的方法，精密测量 AB' 的水平距离，并加入尺长、温度及倾斜改正数，设求出 AB' 的水平距离为 D。若 D 不等于 $D_设$，则按下式计算改正数 ΔD，并进行改正，以标定 B 点位置。$\Delta D = D - D_设$。改正时，沿 AB 方向，以 B' 为准，当 $\Delta D < 0$ 时，向外改正；反之，则向内改正。

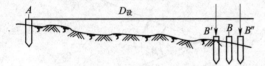

图 3—2　一般方法量距

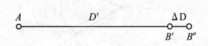

图 3—3　精密量距

如图 3—4 所示，从 A 点沿 AC 方向测设 B 点，使水平距离 $D=25.000$ m，钢卷尺的名义长度为 30 m，尺长改正数为 0.003 m，A、C 两点间的高差为 $+1.000$ m，测设时温度 $t=30℃$，标准温度为 $t_0=20℃$，测设时拉力与检定钢卷尺时拉力相同。

1）测设之前通过概量定出终点，并测得两点之间的高差，本例高差为 $+1.000$ m。

2）计算 L 的长度

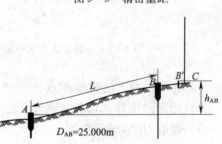

图 3—4　精确量距实例

尺长改正：$\Delta l_d = \dfrac{\Delta l}{l_0}D = \dfrac{0.003}{30} \times 25 = 0.002$ m

温度改正：$\Delta l_t = \alpha\,(t - t_0)\,D = 1.25 \times 10^{-5} \times (30 - 20) \times 25 = 0.003$ m

倾斜改正：$\Delta l_h = -\dfrac{h^2}{2D} = -\dfrac{+1.000^2}{2 \times 25} = -0.020$ m

$L = D - \Delta l_d - \Delta l_t - \Delta l_h = 25.000 - 0.002 - 0.003 - (-0.020) = 25.015$ m

3）在地面上从 A 点沿 AC 方向用钢卷尺实量 25.015 m 定出 B 点，则 AB 两点间的水平距离正好是已知值 25.000 m。

2. 已知水平角的测设

地面上已知该角的起始边 OA，要求按设计给定的已知角 $\beta_设$，测设角的另一边 OB，使 $\angle AOB$ 的水平角值恰好等于 $\beta_设$。

（1）一般方法（盘左盘右分中法）

当测设水平角的精度要求不高时，可采用盘左、盘右分中的方法测设，如图 3—5 所示。设地面已知方向 OA，$\beta_{设}$ 为已知水平角值，OB 为欲定的方向线。测设方法如下：

1）在 O 点安置经纬仪，盘左位置瞄准 A 点，使水平度盘的读数为 $0°00'00''$ 或稍大于 $0°00'00''$。

2）转动照准部，使水平角度盘为 $\beta_{设}$ 附近，水平制动，调节水平微动螺旋，使水平度盘读数为 $\beta_{设}$ 或 $\beta_{设}$ + 初始读数，在此视线上定出 B' 点。

3）盘右位置，重复上述步骤，再测设一次，定出 B'' 点。

4）若 B'、B'' 两点相距不大，取 B' 和 B'' 的中点 B，则 $\angle AOB$ 就是要测设的 β 角。

（2）精确测量方法

当测设精度要求较高时，可按如下步骤进行测设，如图 3—6 所示。

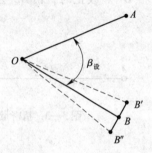

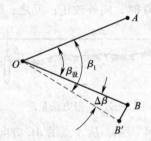

图 3—5　一般方法测水平角　　　　图 3—6　精确测量水平角

1）先用一般方法测出 B' 点。

2）用测回法对 $\angle AOB'$ 观测若干测回，求出各测回平均值 β_1，并计算出 $\Delta\beta = \beta_1 - \beta_{设}$。

3）量取 OB' 的水平距离。

4）用下式计算改正距离。$BB' = OB'\tan\Delta\beta = OB'\dfrac{\Delta\beta}{\rho}$。式中 $\Delta\beta$ 单位为秒，$\rho = 206\ 265''$（一个弧度单位）。

5）自 B' 点沿 OB' 的垂直方向向里或向外量出距离 BB'，定出 B 点，则 $\angle AOB$ 就是要测设的角度。

量取改正距离时，如 $\Delta\beta$ 为正，则沿 OB' 的垂直方向向里量取；如 $\Delta\beta$ 为负，则沿 OB' 的垂直方向向外量取。

【例 3—1】　已知地面上 A、O 两点，要测设角 $\angle AOB = 30°$，在 O 点安置经纬仪，利用盘左、盘右分中方法测设 $30°$，得中点 B'，量得 $OB' = 30$ m，用测回法测了三个测回，测得 $\angle AOB = 29°59'30''$。如何改正？

解：

$$\Delta\beta = 29°59'30'' - 30°00'00'' = -30''$$

$$BB' = OB'\frac{\Delta\beta}{\beta''} = 30 \times \frac{-30''}{206\ 265''} = -0.004 \text{ m}$$

过点 B' 沿 OB' 的垂直方向向外量出距离 0.004 m，定得 B 点，则 $\angle AOB$ 为 30°。

3. 已知高程的测设

测设已知高程就是根据地面上已知水准点的高程和设计点的高程，在地面上测设出设计点的高程标志线的工作。

如图 3—7 所示，在水准点 A 与待测点 B 之间安置水准仪，整平仪器后，读取 A 点立尺的读数，则 $b_应 = H_水 + a - H_设$，望远镜转向 B 点立尺，观测者指挥立尺者，上下移动标尺，当读数恰好为 $b_应$ 时停，在尺底画线，则尺底即为 $H_设$ 的高程位置。

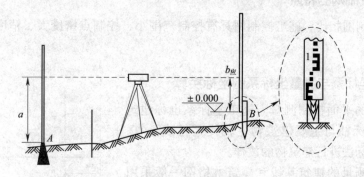

图 3—7　已知高程测设

例如，某建筑物的室内地坪设计高程为 45.000 m，附近有一水准点 BM_A，其高程为 H_A = 44.680 m。现在要求把该建筑物的室内地坪高程测设到木桩 B 上，作为施工时控制高程的依据。测设方法如图 3—7 所示。

（1）在水准点 BM_A 和木桩 B 之间安置水准仪，在 BM_A 上立水准尺，用水准仪的水平视线测得后视读数为 1.556 m，此时视线高程为：

$$44.680 + 1.556 = 46.236 \text{ m}$$

（2）计算 B 点水准尺尺底为室内地坪高程时的前视读数：

$$b = 46.236 - 45.000 = 1.236 \text{ m}$$

（3）上下移动竖立在木桩 B 侧面的水准尺，直至水准仪的水平视线在尺上截取的读数为 1.236 m 时，紧靠尺底在木桩上画一水平线，其高程即为 45.000 m。

三、施工控制网

在建筑工程施工之前，勘测阶段建立的控制网是为测图布设的，通常难以满足施工对控制点密度和精度的要求。因此，施工前必须建立施工控制网，它包括平面控制网和高程控制网。施工控制网是施工阶段构件测设定位的基础。

施工平面控制网的布设形式，可根据建筑物体量、场地大小和地形条件等因素来确定。对于大中型建筑场地，在建筑物布置整齐、密集时，宜采用正方形或矩形格网，称为建筑方格网。对于面积不大，建筑物又不复杂的场地，则通常采用建筑基线。

1. 施工控制网的分类

施工控制网分为施工平面控制网和施工高程控制网两种。

（1）施工平面控制网

施工平面控制网可以布设成三角网、导线网、建筑方格网和建筑基线四种形式。

（2）施工高程控制网

施工高程控制网采用水准网。

2. 施工控制网的特点

与测图控制网相比，施工控制网具有控制范围小、控制点密度大、精度要求高及使用频繁等特点。

3. 施工坐标系与测量坐标系的坐标换算

施工场地的平面控制测量。施工坐标系也称建筑坐标系，其坐标轴与主要建筑物主轴线平行或垂直，以便用直角坐标法进行建筑物的放样。

施工控制测量的建筑基线和建筑方格网一般采用施工坐标系，而施工坐标系与测量坐标系往往不一致，因此，施工测量前常常需要进行施工坐标系与测量坐标系的坐标换算。

已知 P 点的施工坐标，则可按下式将其换算为测量坐标：

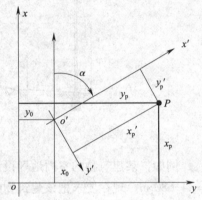

图3—8　施工坐标和测量坐标的转换

$$\begin{cases} x_P = x_o + x'_P\cos\alpha - y'_P\sin\alpha \\ y_P = y_o + x'_P\sin\alpha + y'_P\cos\alpha \end{cases}$$

已知 P 的测量坐标，则可按下式将其换算为施工坐标：

$$\begin{cases} x'_P = (x_P - x_o)\cos\alpha + (y_P - y_o)\sin\alpha \\ y'_P = -(x_P - x_o)\sin\alpha + (y_P - y_o)\cos\alpha \end{cases}$$

4. 建筑基线

建筑基线是建筑场地的施工控制基准线，即在建筑场地布置一条或几条轴线。它适用于建筑设计总平面图布置比较简单的小型建筑场地，常布设一条或一组基线，作为施工测量的平面控制，称为建筑基线。

（1）建筑基线的布设形式

建筑基线的布设形式应根据建筑物的分布、施工场地地形等因素来确定，常用的布设形式有一字形、L字形、T字形和十字形，如图3—9所示。

（2）建筑基线的放样方法

根据建筑物的设计坐标和附近已有的测量控制点，在图上选择建筑基线的位置，而后求算测设数据，再采用直角坐标法、极坐标法、角度交会法及距离交会法等方法进行测设。如果施工现场设有控制点或施工精度要求不高，可根据建筑基线与现有建（构）筑物间的几何关系直接进行测设。建筑基线测设好后，应进行检核。

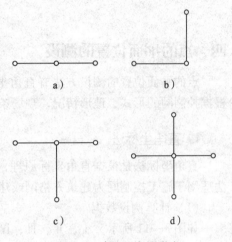

（3）建筑基线的布设要求

1）建筑基线应靠近主要建筑物，并与主要建筑物基本轴线平行或垂直，以便进一步测设时采用直角坐标法进行测设。

2）为了便于检查建筑基线点有无变动，基线点应不少于三个。

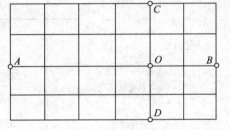

3）基线点应布设在通视良好且不易破坏的地

图3—9　建筑基线的形式

方，并要按永久控制点埋设方法进行埋设，如设置成混凝土桩或石桩。

5. 建筑方格网

在占地面积较大的建筑场地上，东西方向可能很长，南北方向很宽，范围较宽广。有多幢建筑物，在不同时期分段分片施工，但各个建筑物的相对位置关系必须保证一定的精度。因此若用简单图形的建筑基线、少数施工控制点就难以控制建筑物施工中的测量工作。此时应布设成建筑方格网或矩形网的形式，如图3—10所示。只要在某方格内的建筑物，都可用方格四个角的控制点加以测设，保证各建筑物的绝对位置和相对位置的精度，也使建筑物的测设工作较为简单。布置前应先选定建筑方格网的主轴线 AOB 和 COD，然后再布设方格网。方格网布置时应符合表3—1的技术指标。

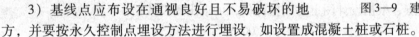

图3—10　建筑方格网

表3—1　　　　　　　　　　　　　建筑方格网的主要技术指标

等级	边长（m）	测角中的误差（″）	边长相对中误差
Ⅰ级	100 ~ 300	5	≤1/30 000
Ⅱ级	100 ~ 300	8	≤1/20 000

布设方格网时要注意以下几个问题：

（1）方格网的主轴线应布设在建筑场区的中部，并与主要建筑物的基本轴线平行。

（2）方格网的折角应严格成90°，角度检测限差、方格网边长及边长检测限差见表3—1。

（3）方格网的边长应保证通视且便于量距和测角，点位标石应能长期保存。

四、点的平面位置的测设

点的平面位置的测设方法有直角坐标法、极坐标法、角度交会法和距离交会法等，应根据控制网的形式、地形情况、现场条件及精度要求等因素确定。

1. 直角坐标法

直角坐标法是根据直角坐标原理，利用纵横坐标之差，测设点的平面位置。直角坐标法适用于施工控制网为建筑方格网或建筑基线的形式，且量距方便的建筑施工场地。

（1）计算测设数据

如图3—11所示，Ⅰ、Ⅱ、Ⅲ、Ⅳ为建筑施工场地的建筑方格网点，a、b、c、d为欲测设建筑物的四个角点，根据设计图上各点坐标值，可求出测设数据：

$$\text{Ⅰ}\, m = 30.00\ \text{m}$$
$$ma = nd = 20.00\ \text{m}$$
$$mn = 50.00\ \text{m}$$
$$ab = dc = 30.00\ \text{m}$$

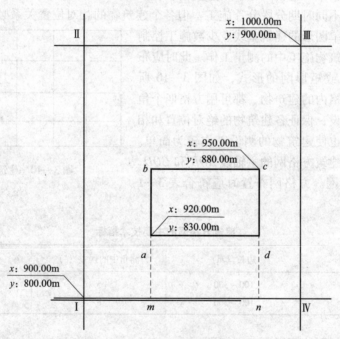

图3—11　直角坐标法测设点的位置

（2）点位测设方法

1）在Ⅰ点安置经纬仪，瞄准Ⅳ点，沿视线方向测设距离30.00 m，定出m点，继续向前测设50.00 m，定出n点。

2）在m点安置经纬仪，瞄准Ⅳ点，按逆时针方向测设90°，由m点沿视线方向测设距离 20.00 m，定出 a 点，做出标志，再向前测设 30.00 m，定出 b 点，做出标志。

3）在 n 点安置经纬仪，瞄准 I 点，按顺时针方向测设 90°，由 n 点沿视线方向测设距离 20.00 m，定出 d 点，做出标志，再向前测设 30.00 m，定出 c 点，做出标志。

4）检查建筑物四角是否等于 90°，各边长是否等于设计长度，其误差均应在限差以内。

2. 极坐标法

极坐标法是根据一个水平角和一段水平距离，测设点的平面位置。极坐标法适用于量距方便且待测设点距控制点较近的建筑施工场地。

（1）测设数据

如图 3—12 所示，A、B 为已知平面控制点，其坐标值分别为 A（x_A，y_A）、B（x_B，y_B），a 点为建筑物的一个角点，其坐标为 a（x_a，y_a）。现根据 A、B 两点，用极坐标法测设 a 点，其测设数据计算方法如下：

1）计算 AB 边的坐标象限角 R_{AB} 和 Aa 边的坐标象限角 R_{Aa}，并根据坐标象限角求出坐标方位角。

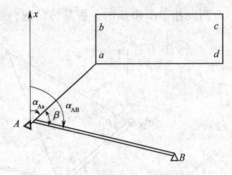

图 3—12　极坐标法测设点的位置

$$R_{AB} = \arctan \frac{y_B - y_A}{x_B - x_A} \qquad R_{Aa} = \arctan \frac{y_a - y_A}{x_a - x_A}$$

根据 $y_B - y_A$ 与 $x_B - x_A$ 的正、负情况判断象限角所属象限，由象限角 R_{AB} 换算为 AB 边的方位角 α_{AB}，R_{Aa} 与 α_{Aa} 的换算同样。换算的方法见第一章第四节。

2）计算 Aa 与 AB 之间的夹角。

$$\beta = \alpha_{AB} - \alpha_{Aa}$$

3）计算 A、a 两点间的水平距离。

$$D_{Aa} = \sqrt{(x_A - x_a)^2 + (y_A - y_a)^2}$$

（2）点位测设方法

1）在 A 点安置经纬仪，瞄准 B 点，按逆时针方向测设 β 角，定出 Aa 方向。

2）沿 Aa 方向自 A 点测设水平距离 D_{Aa}，定出 a 点，做出标志。

3）用同样的方法测设 b、c、d 点。全部测设完毕后，检查建筑物四角是否等于 90°，各边长是否等于设计长度，其误差均应在限差以内。

3. 角度交会法

角度交会法是根据测设角度所定方向线相交会定出点的平面位置的一种方法，适用于待测设点距控制点较远且量距较困难的建筑施工场地。

（1）计算测设数据

如图 3—13a 所示，A、B、C 为已知平面控制点，P 为待测设点，现根据 A、B、C 三点，用角度交会法测设 P 点，其测设数据计算方法如下：

1）按坐标反算公式，分别计算出 α_{AB}、α_{AP}、α_{BP}、α_{CB} 和 α_{CP}。

2）计算水平角 β_1、β_2 和 β_3。

（2）点位测设方法

1）在 A、B 两点同时安置经纬仪，同时测设水平角 β_1 和 β_2，定出两条视线，在两条视线相交处钉下一个大木桩，并在木桩上依 AP、BP 绘出方向线及其交点。

2）在控制点 C 安置经纬仪，测设水平角 β_3，同样在木桩上依 CP 绘出方向线。

3）如果交会没有误差，此方向应通过前两方向线的交点，否则将形成一个"示误三角形"，如图3—13b 所示。若示误三角形边长在限差以内，则取示误三角形重心作为待测设点 P 的最终位置。

测设 β_1、β_2 和 β_3 时，视具体情况，可采用一般方法和精确方法。

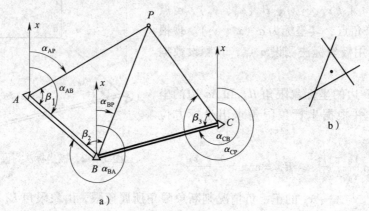

a）

图3—13 角度交会法

4. 距离交会法

距离交会法是利用两段已知水平长度的直线为半径做弧，两弧的交点为所要测设点的平面位置的一种较简便的方法。该方法适宜在场地平坦，测设点离控制点较近，不超过一个尺长距离，测设精度相对要求不高，且无经纬仪的情况下采用。

（1）计算测设数据

如图3—14 所示，A、B 为已知平面控制点，P 为待测设点，现根据 A、B 两点，用距离交会法测设 P 点，其测设数据计算方法如下：

根据 A、B、P 三点的坐标值，分别计算出 D_{AP} 和 D_{BP}。

（2）点位测设方法

1）将钢卷尺的零点对准 A 点，以 D_{AP} 为半径在地面上画一圆弧。

2）再将钢卷尺的零点对准 B 点，以 D_{BP} 为半径在地面上再画一圆弧。两圆弧的交点即为 P 点的平面位置。

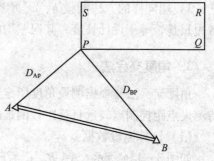

图3—14 距离交会法

3）用同样的方法，测设出 Q 的平面位置。

4）测量 P、Q 两点间的水平距离，与设计长度进行比较，其误差应在限差以内。

五、测设前的准备工作

1. 熟悉设计图样

设计图样是施工测量的依据，在测设前应认真阅读设计图样及其有关说明，了解施工的建筑物与相邻地物间的位置关系，理解设计意图，对有关尺寸应仔细核对，以免出差错。与测设有关的设计图样主要有建筑总平面图、建筑平面图、基础平面图、基础详图、立面图和剖面图等。

建筑总平面图是建筑物放样的总体依据，建筑物就是根据总平面图上所给的尺寸关系进行定位的，如图 3—15 所示。

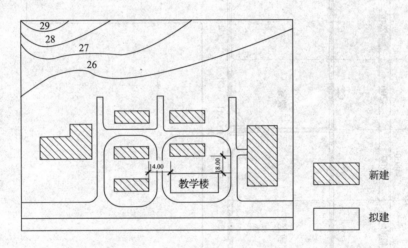

图 3—15 建筑总平面图

建筑平面图给出建筑物各定位轴线间的尺寸关系及室内地坪标高等，如图 3—16 所示。

基础平面图给出基础边线和定位轴线的平面尺寸和编号，如图 3—17 所示。

基础详图给出基础的立面尺寸、设计标高及基础边线与定位轴线的尺寸关系，这是基础施工放样的依据，如图 3—18 所示。

在建筑物的立面图和剖面图中，可以查出基础、地坪、门窗、楼板、屋面等设计高程，是高程测设的主要依据。

在熟悉上述主要图样的基础上，要认真核对各种图样总尺寸与各部分尺寸之间的关系是否正确，防止测设时出现差错。

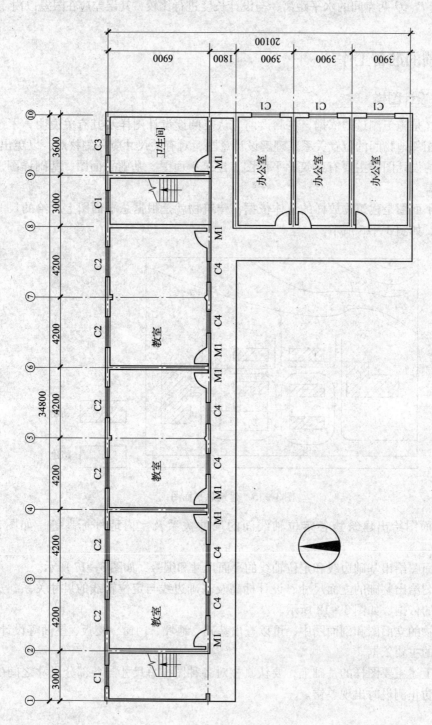

图 3—16　建筑平面图

· 114 ·

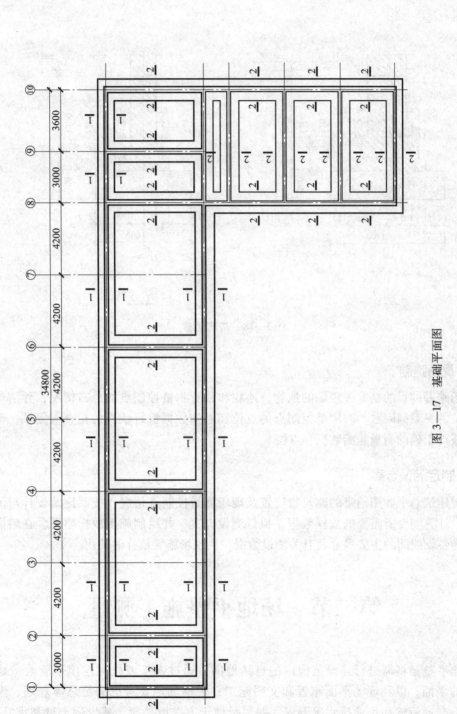

图 3—17 基础平面图

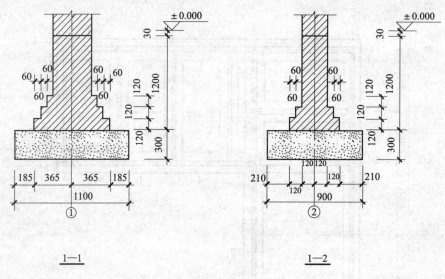

图 3—18　基础详图

2. 现场踏勘

现场踏勘的目的是掌握现场的地物、地貌和原有测量控制点的分布情况，弄清与施工测量相关的一系列问题，对测量控制点的点位和已知数据进行认真的检查与复核，确保施工测量获得正确的测量起始数据和点位。

3. 制定测设方案

根据建筑总平面图给定的建筑物位置及现场测量控制点情况，按照建筑设计与测量规范要求，计算测设所需要的放样数据，拟订测设方案，并绘制施工放样略图。在略图上标出建筑物各轴线间的主要尺寸及有关测设数据，供现场施工放样时使用。

第二节　场地平整施工测量

场地平整是将需进行建设范围内的自然地面，通过人工或机械挖填平整改造成为设计所需的平面，以利现场平面布置和文明施工；平整场地要考虑满足总体规划、生产施工工艺、交通运输和场地排水等要求，并尽量使土方挖填平衡，减少运土量和重复挖运。在填挖土方量平衡的前提下，计算填挖土方量，并进行场地平整测设，如图 3—19 所示。

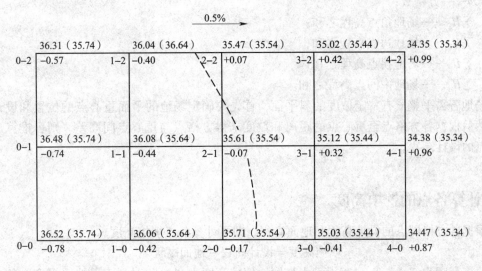

图 3—19 场地平整测设

一、测设方格网

平整场地设计时，需在该场地的地形图上布设普通方格网，边长 10 ~ 40 m，一般多用 20 m，方格的大小视地形情况和平整整场地的施工方法及工程预算而定，地面起伏较大时宜用 10 m。

二、场地地面平均高程计算

$$H_{\Psi} = \sum \; (P_i \times H_i) \; / \sum P_i$$

式中 H_i——方格点的地面高程；

P_i——方格点的权。

三、确定设计高程

若将场地平整为一个水平面，要求填挖土方量平衡，则场地地面平均高程 H_{Ψ} 就是各点的设计高程。其方法是先取各方格的平均高程（即将各方格四个角点高程相加，除以 4），再取场地平均高程（即将各方格平均高程相加，除以方格的总数）。由于各方格角点所在位置不同，取平均值时应用的次数也不同，场地角点处的高程只与一个方格有关，只用一次。边线上的方格角点高程与相邻两个方格有关，在计算中应用了两次。中间点与两个方格有关，四个方格取平均值时各用角点高程一次，共应用了四次，因而有：

$$H_{\Psi} = \frac{1}{4n}(\sum H_a + 2\sum H_b + 3\sum H_c + 4\sum H_d)$$

式中　　n——方格数；

　　　　$\sum H_a$——场地角点高程之和；

　　　　$\sum H_b$——场地边点高程之和；

　　　　$\sum H_c$——场地拐点高程之和；

　　　　$\sum H_d$——场地中间点高程之和。

　　场地若需平整成有一定坡度的斜平面，首先要确定场地的平面重心点的位置和设计高程，然后根据各方格点至重心点的距离和坡度求得方格点与重心点间高差，则可推算出各方格点的设计高程。

四、计算各点的挖填高度

　　根据各方格网点的设计高程和地面高程，即可计算各点填挖高度。

填挖高度 = 设计高程 − 地面高程

　　填挖高度为"＋"时，表示填土高度；填挖高度为"−"时，表示挖土深度。各点的填挖高度标注在相应方格点右下方。

五、确定挖填分界线位置

　　设计高程面与原自然地面的交线称为填挖分界线或零线，在零线上不填也不挖。

六、土方量计算

挖填土方量 = 挖填土方面积 × 挖填土方平均填挖高度

七、填挖边界和填挖高度测设

　　当填挖边界和土方量计算无误后，可根据土方计算图，在现场用量距方法定出各零点位置，然后用白灰线将相邻点连接起来，即得到实地的填挖分界线。填挖高度注写在方格点木桩上，作为施工的依据。

第三节　建筑物的定位与放线

　　建筑物的定位与放线是根据设计图样，将建筑物外墙的轴线交点（也称角点）测设到实地，作为建筑物基础放样和细部放线的依据。

一、根据与原有建筑物的关系定位

在建筑区内新建或扩建建筑物时，一般设计图上都给出新建筑物与附近原有建筑物或道路中心线的相互位置关系，如图 3—20 所示。图中绘有斜线的是原有建筑物，没有斜线的是拟建建筑物。

（1）如图 3—20a 所示，拟建的建筑物轴线 AB 在原有建筑物轴线 MN 的延长线上，可用延长直线法定位。为了能够准确地测设 AB，步骤如下。

1）应先做 MN 的平行线 $M'N'$，即沿原有建筑物 PM 与 QN 墙面向外量出 MM' 及 NN'，并使 $MM' = NN'$，在地面上定出 M' 和 N' 两点作为建筑基线。

2）再安置经纬仪于 M' 点，照准 N' 点，然后沿视线方向，根据图样上所给的 NA 和 AB 尺寸，从 N' 点用钢卷尺测距依次定出 A'、B' 两点。

3）再安置经纬仪于 A' 和 B' 点，按 90°角和相关距离定出 A、C 和 B、D 点。

（2）如图 3—20b 所示，可用直角坐标法定位。

1）先按上法做 MN 的平行线 $M'N'$，然后安置经纬仪于 N' 点，作 $M'N'$ 的延长线，并按设计距离，用钢卷尺量取 $N'O$ 定出 O 点。

2）再将经纬仪安置于 O 点测设 90°角，测量 OA 值定出 A 点，继续测量 AB 而定出 B 点。

3）最后在 A、B 两点安置经纬仪测设 90°角，根据建筑物的宽度而定出 C 和 D 点。

（3）如图 3—20c 所示，拟建建筑物与道路中心线平行，根据图示条件，主轴线的测设仍可用直角坐标法。先用拉尺分中法找出道路中心线，然后用经纬仪做垂线，定出拟建建筑物的轴线，再根据建筑物尺寸定位。

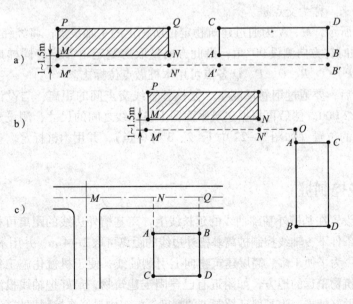

图 3—20 建筑物的定位

二、根据建筑方格网定位

在建筑场地上，已建立建筑方格网，且设计建筑物轴线与方格网边线平行或垂直，则可根据设计的建筑物拐角点和附近方格网点的坐标，用直角坐标法在现场测设。

1. 如图 3—21 所示，由 A、B、C、D 点的坐标值可算出建筑物的长度 $AB = a$ 和宽度 $AD = b$，以及 MA'、$B'N$ 和 AA'、BB' 的长度。

2. 测设建筑物定位点 A、B、C、D 时，先把经纬仪安置在方格网点 M 上，照准 N 点，沿视线方向自 M 点用钢卷尺量取 MA' 得 A' 点，量取 $A'B' = a$，得 B' 点，再由 B' 点沿视线方向量取 $B'N$ 长度以做校核。

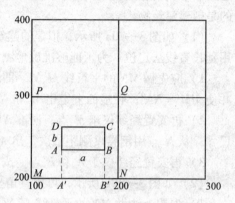

图 3—21　建筑方格网定位

3. 然后安置经纬仪于 A' 点，照准 N 点，向左测设 $90°$，并在视线上量取 $A'A$ 得 A 点，再由 A 点沿视线方向继续量取建筑物的宽度 b 得 D 点。安置经纬仪于 B' 点，同法定出 B、C 点。

4. 用钢卷尺测量 AB、CD 及 BC、AD 的长度，看其是否等于建筑物的设计长度，且四个角是否为 $90°$。

三、测设建筑物定位轴线交点桩

根据建筑物的主轴线，按建筑平面图所标尺寸，将建筑物各轴线交点位置测设于地面，并用木桩标定出来，称为交点桩。

如图 3—22 所示，M、N 为通过建筑物定位所标定的主轴线点。将经纬仪安置于 M 点，瞄准 N 点，按顺时针方向测设 $90°$ 角，沿此方向量取房宽定出 R 点。同样地可测出其余外墙轴线交点 O、P、Q。R、O、P、Q 各点可用木桩做点位标志。

定出各角点后，要通过钢卷尺测量、复核各轴线交点间的距离，与设计长度比较，其误差不得超过 $1/2\,000$。然后再根据建筑平面图上各轴线之间的尺寸，测设建筑物其他各轴线相交的中心桩的位置（如图 3—22 中 1、2、3 等各点），并用木桩标定。

四、测设轴线控制桩

轴线控制桩设置在基槽外基础轴线的延长线上，离基槽外边线的距离可根据施工场地的条件来定。一般条件下，轴线控制桩离基槽外边线的距离可取 $2 \sim 4$ m，并用木桩做点位标志，如图 3—22 所示；为了便于多、高层建筑物向上引测轴线，便于机械化施工作业，可将轴线控制桩设在离建筑物稍远的地方，如附近有已建固定建筑物，最好把轴线投测到固定建筑物顶上或墙上，并做好标志。为了保证控制桩的精度，施工中最好将控制桩与交点桩一起测设。

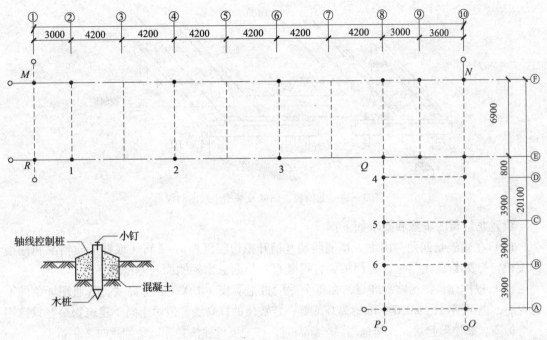

图 3—22 测设建筑物定位轴线交点桩

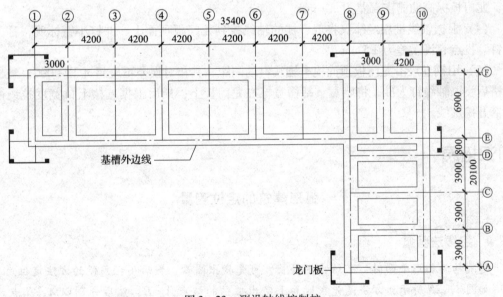

图 3—23 测设轴线控制桩

五、测设龙门板

在一般民用建筑中，常在基槽开挖线以外一定距离处钉设龙门板，如图 3—23 和图 3—24 所示。

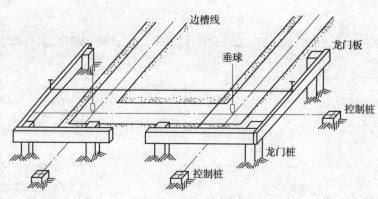

图 3—24　龙门板、轴线及基槽边线的测设

设置龙门板的步骤和要求如下：

（1）在建筑物四角与内纵、横墙两端基槽开挖边线以外 1～2 m（根据土质情况和挖槽深度确定）处钉设龙门桩，龙门桩要钉得竖直、牢固，木桩侧面与基槽应平行。

（2）根据建筑物场地水准点，在每个龙门桩上测设 ±0.000 m 标高线。若遇现场条件不许可时，也可测设比 ±0.000 m 标高高或低一定数值的标高线。但对于同一建筑物最好只选用一个标高。如地形起伏大，须选用两个标高时，一定要标注清楚，以免使用时发生错误。

（3）沿龙门桩上测设的高程线钉设龙门板，这样龙门板顶面的标高就在一个水平面上了。龙门板标高的测定误差为 ±5 mm。

（4）根据轴线桩用经纬仪将墙、柱的轴线投到龙门板顶面上，并钉小钉标明，称为轴线钉。投点容许误差为 ±5 mm。

（5）用钢卷尺沿龙门板顶面检查轴线钉的间距，其相对误差不应超过 1/2 000。经检核合格后，以轴线钉为准，将墙宽、基槽宽标在龙门板上，最后根据基槽上口宽度拉线撒出基槽开挖灰线。

知识拓展

弧形建筑的定位测量

1. 拉线法画弧

建筑物为弧形平面时，若给出半径长，可先找出圆心，然后用径画弧的方法定位。

如图 3—25 所示，方法是先在地面上定出弧弦的端点 A、B，然后分别以 A、B 点为圆心，用给定的半径 R 画弧，两弧相交于 O 点，此点即为弧形的圆心。再以 O 点为圆心，用给定的半径 R 在 A、B 两点间画弧形，即测出所要求的弧形。

若只给出弦长与矢高，可用作垂线的方法定位。如图 3—26 所示，方法是先在地面上定出弧弦的两端点 A、B。过 AB 直线的中心做垂线，在垂线上量取矢高 h 定出 C 点。过 A、C 连线的中点做垂线，两条垂线相交于 O 点，O 点即为弧形的圆心。最后以 O 点为圆心，以 AO 为半径在 A、B 点间画弧，即测出所要求的弧形。

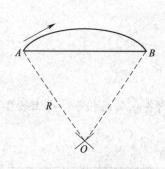

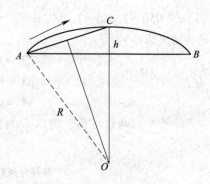

图 3—25　已知半径画弧　　　　　　　图 3—26　已知矢高画弧

用拉线法画弧，圆心点要定设牢固，所用拉绳（或尺）伸缩性要小，用力不能时紧时松，要保持曲线圆滑。

2. 坐标法画弧

如图 3—27 所示，已知圆弧半径为 10 m，弦长 AB 为 10 m，求弦上的各点的矢高值，然后将各点连线进行画弧。

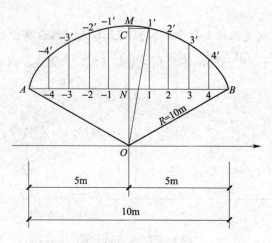

图 3—27　坐标法画弧

画弧步骤如下：

（1）在地面上定出弦的两个端点 A、B。将弦均分为 10 等份，其等分点分别为 1、2、3、4、B 和 –1、–2、–3、–4、A。为便于解析计算，过各等分点做弦的垂线。

（2）计算弦上各点的矢高值。在直角三角形 ONB 中，根据勾股定理：

$$ON = \sqrt{(OB)^2 - (NB)^2} = \sqrt{10^2 - 5^2} = 8.660 \text{ m}$$

$$MN = MO - NO = 10 - 8.660 = 1.340 \text{ m}$$

在直角三角形 OC1' 中，根据勾股定理：

$$OC = \sqrt{(O1')^2 - (C1')^2} = \sqrt{10^2 - 1^2} = 9.950 \text{ m}$$

因为 $11' = NC = OC - ON$

所以 $11' = 9.950 - 8.660 = 1.290$ m

同样的方法可求得：

$$22' = 1.138 \text{ m}$$
$$33' = 0.879 \text{ m}$$
$$44' = 0.505 \text{ m}$$

由于以 NM 为中心两边对称，所以左侧各点与右侧各点矢高相等。将上述各数列于表 3—2 中。

表 3—2 各等分点对应的矢高值

等分点	A	-4	-3	-2	-1	0	1	2	3	4	B
矢高 (m)	0	0.505	0.879	1.138	1.290	1.340	1.290	1.138	0.879	0.505	0

（3）在各等分点垂线上截取矢高，分别得 $1'$、$2'$、$3'$、$4'$、M、$-1'$、$-2'$、$-3'$、$-4'$，将各点连成光滑的曲线，即为所要测设的弧形。

3. 矢高法画弧

矢高法作图顺序，就是根据矢高逐渐加密弧上各点，然后画出弧形。如图 3—28 所示，半径为 R，矢高 $h_1 = R - \sqrt{R^2 - L_1^2}$，弦长 $L_2 = \sqrt{L_1^2 + h_1^2}$，矢高 $h_2 = R - \sqrt{R^2 - L_2^2}$。

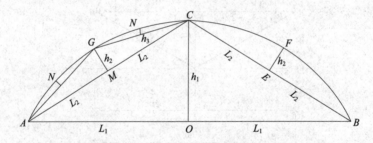

图 3—28 矢高法画弧

（1）在地面上定出弦的两端点 A、B，量取中点 O，作弦的垂线，量取矢高 h_1 定出 C 点。

（2）作 AC 连线，取中点 M，做 AC 的垂线，量取矢高 h_2 定出 G 点。同法定出 E、F 点。

（3）作 AG 连线，取中点，过中点再做 AG 的垂线，量取矢高 h_3，定出点 N。

重复上面的步骤，可得出弧形上的 $\frac{1}{8}$ 点、$\frac{1}{16}$ 点、$\frac{1}{32}$ 点等，一般来说，重复 3~4 次，即可满足圆弧曲线的精度要求。

（4）将各分点连成平滑曲线，即得所要作的圆弧曲线。

第四节 建筑物的基础施工放线

基础施工测量的主要内容有基槽抄平、基础垫层的测设和基础的施工放线等。

一、基槽抄平

施工中称高程测设为抄平。为了控制基槽开挖深度，当基槽开挖接近槽底时，在基槽壁上用水准仪每隔 3 ~ 5 m 测设一根比槽底设计高程高 0.3 ~ 0.5 m 的水平桩，作为控制挖槽深度、修平槽底和打基础垫层的依据，如图 3—29 所示。水平桩测设的允许误差为 ± 10 mm。

1. 水平桩的测设方法

水平桩一般用水准仪根据施工现场已测设的 ± 0.000 m 标志或龙门板顶面高程来测设的。如图 3—30 所示，槽底设计高程为 –1.700 m，欲测设比槽底设计高程高 0.500 m 的水平桩，测设的方法如下：

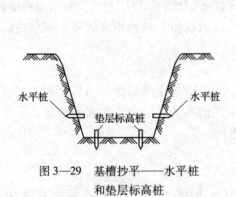

图 3—29 基槽抄平——水平桩
和垫层标高桩

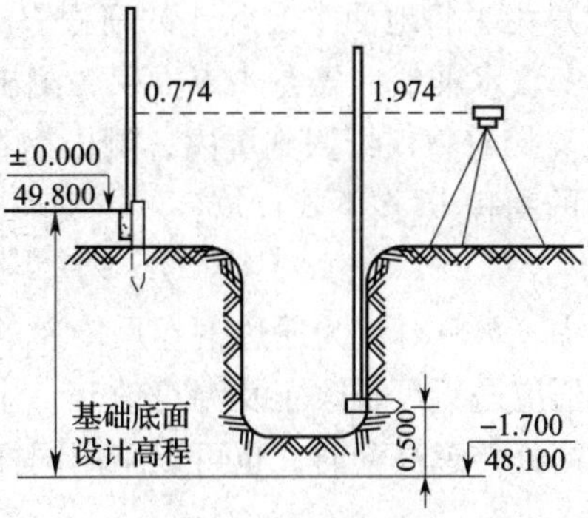

图 3—30 基槽抄平

（1）首先在地面适当地方安置水准仪，立水准尺于 ± 0.000 标志或龙门板顶面上，读取后视读数为 0.774 m。

（2）计算测设水平桩的应读前视读数 $b_{应}$ = 0.774 – （–1.700 + 0.500）= 1.974 m。

（3）然后贴槽壁立水准尺，并上下移动，直至水准仪水平视线读数为 1.974 m 时，沿水准尺尺底面在槽壁打一小木桩，即为要测设的水平桩。

2. 深基坑悬挂钢卷尺来代替水准尺高程传递

用一般方法不能直接测定坑底标高时，可用悬挂的钢卷尺来代替水准尺把地面高程传递到深坑内。

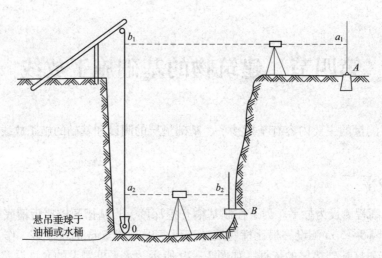

图 3—31　向深基坑测设高程

测设方法如下：

（1）在坑边架设一吊杆，从杆顶向下挂一根钢卷尺（钢卷尺零点在下），在钢卷尺下端吊一垂球，垂球的质量应与检定钢卷尺时所用的拉力相同，将垂球置于油桶或水桶中（保持钢卷尺不摆晃）。

（2）为了将地面水准点 A 的高程 H_A 传递到坑内的临时水准点 B 上，在地面水准点和基坑之间安置水准仪，先在 A 点立尺，测出后视读数 a_1，然后前视钢卷尺，测出前视读数 b_1。

（3）接着将仪器搬到坑内，测出钢卷尺上后视读数和 B 点前视读数 a_2。则坑内临时水准点 B 的高程 H_B 按下式计算：

$$H_B = H_A + a_1 - (b_1 - a_2) - b_2$$

式中（$b_1 - a_2$）为通过钢卷尺传递的高差，如高程传递的精度要求较高时，对（$b_1 - a_2$）之值应进行尺长改正及温度改正。上例是由地面向低处引测高程点的情况，当需要由地面向高处传递高程时，也可以采用同样方法进行。

3. 槽底宽度的检查

如图 3—32 所示，检查方法是先利用轴线钉拉小线，然后用线坠将轴线引测到槽底，根据轴线检查两侧挖方宽度是否符合槽底宽度。

如果挖方尺寸小于应挖宽度需要修整，可在槽壁上钉木桩，让木桩顶端对齐槽应挖边线，然后再按木桩进行修边清底。

二、基础垫层的测设

1. 垫层边线的测设

基槽检验合格后，依槽上的轴线桩点投测轴线，轴线向两侧量出轴距垫层内外边线距离 a、b，拉线定出垫层外边线放好，边角定桩，如图 3—33 所示。

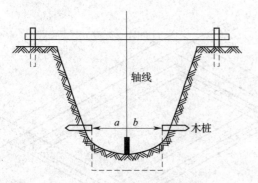

图 3—32　利用轴线检查槽底宽

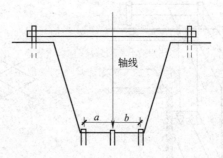

图 3—33　垫层连边线和垫层标高的测设

2. 垫层顶标高控制方法

首先由已知高程点进行槽边设定标高点的复核，然后计算好垫层顶标高相对高度尺寸，抄测于槽底垫层的模板上或钉设的临时桩上，必须经复核无误后进行抄测。

在大开挖的基坑内测设出垫层的高程，在坑底设置小木桩，间距 2～3 m，呈行列式或梅花形排列，使桩顶面为垫层的设计高程，如图 3—34 所示。

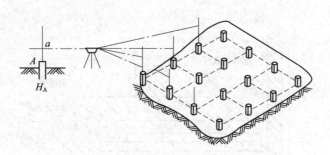

图 3—34　大开挖基槽垫层桩顶标高测设

垫层施工的顶面标高控制采用做混凝土灰饼的方法，灰饼的间距不大于 3 m，现场制作时由测量人员逐个抄测顶标高，作为垫层顶标高的控制找平点。

3. 垫层上中线的测设

在基础垫层浇筑完后，根据龙门板上的轴线钉或轴线控制桩，用经纬仪或用拉绳挂垂球的方法（见图 3—35），把轴线投测到垫层面上，并用墨线弹出墙中心线和基础边线，作为基础施工的依据。

三、基础的施工放线

1. 一般基础的施工测量

将基础墙中心线投在垫层上，用水准仪检测各墙角垫层面标高后，即可开始基础墙

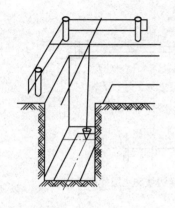
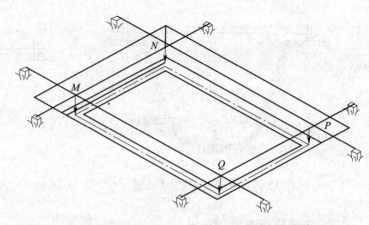

图 3—35 垫层中心线的测设

（±0.00 m 以下的墙）的砌筑，基础墙的高度是用基础皮数杆来控制的。基础皮数杆是用一根木杆制成，在杆上事先按照设计尺寸将每皮砖和灰缝的厚度一一画出，每五皮砖注上皮数（基础皮数杆的层数从 ±0.00 m 向下注记），并标明 ±0.00 m 和防潮层等的标高位置，如图 3—36 所示。

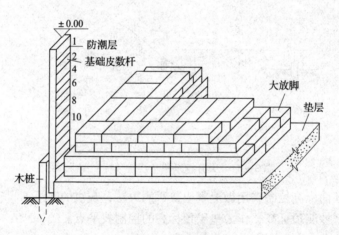

图 3—36 基础皮数杆

立皮数杆时，可先在立杆处打一根木桩，用水准仪在木桩侧面定出一条高于垫层标高某一数值（10 cm）的水平线，然后将皮数杆上标高相同的一条线与木桩上的水平线对齐，并用钉把皮数杆与木桩钉在一起，作为基础墙砌筑的标高依据。

基础施工结束后，应检查基础面的标高是否符合设计要求。可用水准仪测出基础面上若干点的高程，并与设计高程相比较，允许误差为 ±10 mm。

2. 桩基础施工测量

采用桩基础的建筑物多为高层建筑，特点是建筑层数多、高度高、基坑较深，结构竖向偏差直接影响工程受力情况，施工测量中要求竖向投点精度高。高层建筑位于市区，施工场地不宽敞，施工测量要根据结构类型、施工方法和场地实际情况采取切实可行的方法进行，并经过校对和复核，以确保无误。

（1）桩的定位

桩的定位精度要求较高，桩位的放样允许偏差为：群桩为 20 mm，单排桩则为 10 mm。桩位测设工作必须在恢复后的各轴线检查无误后进行。

桩的排列随着建筑物的形状和基础结构的不同而异。最简单的排列成格网状，只要根据轴线精度测设出四个角点，进行加密就可以。有的基础则是由若干个承台和基础梁连接而成，承台下是群桩；基础梁下面有的是单排桩，有的是双排桩，承台下群桩的排列也会有所不同。测设时一般是按照"先整体，后局部""先外廓，后内部"的顺序进行。测设时通常是根据轴线，用直角坐标法测设不在轴线上的点。

（2）施工后桩位的检测

桩基础施工结束后，应对所有桩的位置进行一次检测。根据轴线重新在桩顶上测设出桩的设计位置，用油漆标明，然后量出桩中心与设计位置的纵、横方向偏差，在允许范围内即可进行下一工序的施工。

第五节 墙体的施工测量

建筑物墙体工程施工过程中的测量工作，主要包括墙体轴线的测量和墙体各部位的标高测设。

一、墙体轴线的测设

基础墙砌筑到防潮层后，利用轴线控制桩或龙门板上的轴线和墙边线标志，用经纬仪或用拉细线绳挂垂球的方法将轴线投测到基础面或防潮层上，然后用墨线弹出墙中线和墙边线。用钢卷尺检查墙体轴线的间距和总长是否等于设计值，用经纬仪检查外墙轴线交角是否等于90°，检查符合要求后，把墙轴线延伸到基础墙的侧面上画出标志（见图3—37），作为向上投测轴线的依据。同时把门、窗和其他洞口的边线，也在外墙基础面上画出标志。

墙体砌筑前，根据墙体轴线和墙体厚度，弹出墙体边线，照此进行墙体砌筑。墙体砌到一定高度后，用吊垂线将基础外墙侧面上的轴线引测到地面以上的墙体上，以免基础覆土后看不见轴线标志。如果轴线处是钢筋混凝土柱，可在拆柱模后将轴线引测到桩身上。

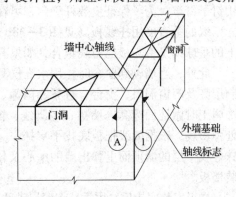

图3—37 墙体轴线的测设

此外需要注意的是，同时需要把门窗和其他洞口的边线也在基础外侧面墙上做出标志。

二、墙体各部位标高的测设

墙体砌筑时，墙体各部位标高常用墙身皮数杆来控制。在墙身皮数杆上根据设计尺寸，按砖和灰缝的厚度画线，并标明门、窗、过梁、楼板等的标高位置。杆上注记从 ±0.000 m 向上增加，如图 3—38a 所示。

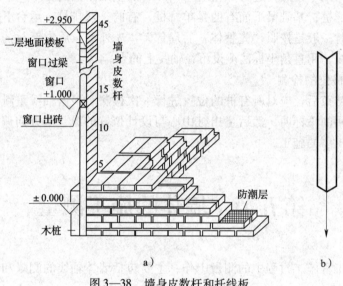

图 3—38　墙身皮数杆和托线板
a）墙身皮数杆　b）托线板

墙身皮数杆一般立在建筑物的拐角和内外墙连接处，固定在木桩或基础墙上。为了便于施工，采用内脚手架时，皮数杆立在墙外边；采用外脚手架时，皮数杆应立在墙里边。

立皮数杆时，先在立杆处打入木桩，用水准仪在木桩上测设出 ±0.000 m 标高位置，其测量允许误差为 ±3 mm。然后，把皮数杆上的 ±0.000 m 线与木桩上 ±0.000 m 线对齐，并用钉子钉牢。为了保证皮数杆稳定，可在皮数杆上加钉两根斜撑。

墙的垂直度用托线板（见图 3—38b）进行校正，把托线板的侧面紧靠墙面，看托线板上的垂球线是否与板的墨线重合，如果有偏差，可以校正砖的位置。

此外，当墙砌到窗台时，用水准仪测设出高于室内地坪线 +0.500 m 的标高线，用来控制层高及门窗洞口、窗台、过梁、雨篷、圈梁、楼板等构件的标高位置，也是控制室内装饰施工时做地面标高、墙裙、踢脚线、窗台等装饰标高的依据。在离楼板板底标高 10 cm 处弹墨线，根据墨线把板底找平层抹平，以保证吊装楼板时板面平整及地面抹面施工。在抹好找平层的墙顶面上弹出墙的中心及楼板安装的位置线，并用钢卷尺检查符合要求后吊装楼板。

楼板安装完毕后，用垂球将底层轴线引测到二层楼面上，作为二层墙体的轴线。对于二层以上各层同样将皮数杆移到楼层，使杆上 ±0.000 m 标高线正对楼面标高处，即可进行二层以上墙体的砌筑。在墙身砌至窗台标高时，用水准仪测设出该层的"+0.500 m"标高线。

当精度要求较高时，可用钢卷尺沿结构外墙、边柱、楼梯间等自±0.000 m起向上直接测量至楼板外侧，确定立杆标志。一般高层建筑至少由三处向上传递，以便校核。

框架结构的民用建筑，墙体砌筑是在框架施工后进行，可在柱面画线代替皮数杆。

第六节 高层建筑施工测量

一、高层建筑施工测量的特点和任务

我国的高层建筑蓬勃兴起，高层住宅群也在各大、中、小型城市中悄然屹立，高层建筑施工测量越来越受到广泛重视。高层建筑的特点是层数多，高度高，结构复杂。因结构竖向偏差直接影响工程受力情况，故在施工测量中要求竖向投点精度高，所选用的仪器和测量方法要适应结构类型、施工方法和场地情况。由于建筑结构复杂，设备和装修标准较高，特别是高速电梯的安装等，对施工测量精度要求也高，一般情况在设计图样中有说明，有各项允许偏差值，施工测量误差必须控制在允许偏差值以内。

高层建筑施工测量的主要任务是将建筑物的基础轴线准确地向高层引测，并保证各层相应的轴线位于同一竖直面内，轴线向上投测时，要求竖向误差在本层内不超过5 mm，全楼累计误差值不应超过$2H/10\ 000$（H为建筑物总高度），且不应大于：30 m < H ≤ 60 m时为10 mm，60 m < H ≤ 90 m时为15 mm，90 m < H时为20 mm。

在高层建筑施工中，要由下层楼面向上层传递高程，以使上层楼板、门窗口、室内装修等工程的标高符合设计要求。

二、高层建筑物轴线的竖向投测

高层建筑物轴线的竖向投测，主要有外控法和内控法两种，下面分别介绍这两种方法。

1. 外控法

外控法是在建筑物外部，利用经纬仪，根据建筑物轴线控制桩来进行轴线的竖向投测，也称"经纬仪引桩投测法"。具体操作方法如下：

（1）在建筑物底部投测中心轴线位置

高层建筑的基础工程完工后，将经纬仪安置在轴线控制桩A_1、A'_1、B_1和B'_1上，把建筑物主轴线精确地投测到建筑物的底部，并设立标志，如图3—39所示的a_1、a'_1、b_1和b'_1，以供下一步施工与向上投测之用。

（2）向上投测中心线

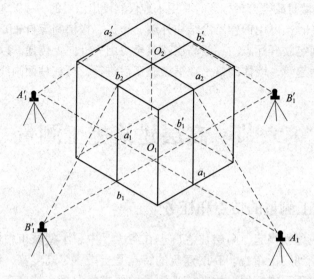

图3—39　经纬仪投测中心轴线

　　随着建筑物不断升高，要逐层将轴线向上传递，如图3—39所示，将经纬仪安置在中心轴线控制桩 A_1、A'_1、B_1 和 B'_1 上，严格整平仪器，用望远镜瞄准建筑物底部已标出的轴线 a_1、a'_1、b_1 和 b'_1 点，用盘左和盘右分别向上投测到每层楼板上，并取其中点作为该层中心轴线的投影点，如图3—39所示的 a_2、a'_2、b_2 和 b'_2。

　　（3）增设轴线引桩

　　当楼房逐渐增高，而轴线控制桩距建筑物又较近时，望远镜的仰角较大，操作不便，投测精度也会降低。为此，要将原中心轴线控制桩引测到更远的安全地方，或者附近大楼的屋面。

　　具体做法是：将经纬仪安置在已经投测上去的较高层（如第十层）楼面轴线 $a_{10}a'_{10}$ 上，如图3—40所示，瞄准地面上原有的轴线控制桩 A_1 和 A'_1 点，用盘左、盘右分中投点法，将轴线延长到远处 A_2 和 A'_2 点，并用标志固定其位置，A_2、A'_2 即为新投测的 $A_1A'_1$ 轴控制桩。

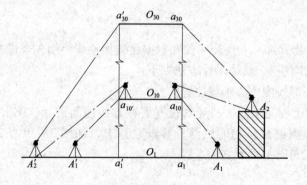

图3—40　经纬仪引桩投测

更高各层的中心轴线，可将经纬仪安置在新的引桩上，按上述方法继续进行投测。

2．内控法

内控法是在建筑物内±0.000 m平面设置轴线控制点，并预埋标志，以后在各层楼板相应位置上预留200 mm×200 mm的传递孔，在轴线控制点上直接采用吊线坠法或激光铅垂仪法，通过预留孔将其点位垂直投测到任一楼层，如图3—41和图3—43所示。

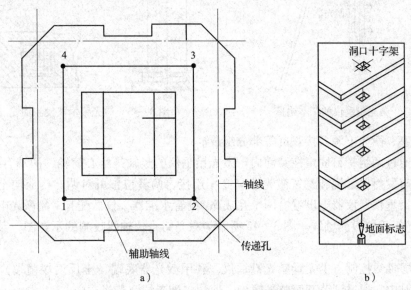

图3—41　内控法轴线控制点的设置和吊线坠法投测轴线
a）内控法轴线控制点的设置　b）吊线坠法投测轴线

（1）内控法轴线控制点的设置

在基础施工完毕后，在±0.000 m首层平面上，适当位置设置与轴线平行的辅助轴线。辅助轴线距轴线500~800 mm为宜，并在辅助轴线交点或端点处埋设标志，如图3—41a所示。

（2）吊线坠法

吊线坠法是利用钢丝悬挂重垂球的方法，进行轴线竖向投测。这种方法一般用于高度在50~100 m的高层建筑施工中，垂球的质量为10~20 kg，钢丝的直径为0.5~0.8 mm。投测方法如下：

如图3—41b所示，在预留孔上面安置十字架，挂上垂球，对准首层预埋标志。当垂球线静止时，固定十字架，并在预留孔四周做出标记，作为以后恢复轴线及放样的依据。此时，十字架中心即为轴线控制点在该楼面上的投测点。

用吊线坠法实测时，要采取一些必要措施，如用铅直的塑料管套着坠线或将垂球沉浸于油中，以减少摆动。

（3）激光铅垂仪法

1）激光铅垂仪是一种专用的铅直定位仪器，适用于高层建筑物、烟囱及高塔架的铅直定位测量。

激光铅垂仪的基本构造如图3—42所示，主要由氦氖激光管、精密竖轴、发射望远镜、

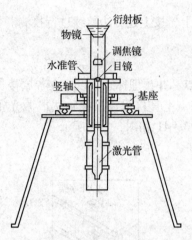

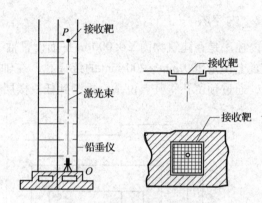

图 3—42　激光铅垂仪的基本构造　　　　图 3—43　　激光铅垂仪投测轴线

水准器、基座、激光电源及接收屏等部分组成。

激光器通过两组螺钉固定在套筒内。激光铅垂仪的竖轴是空心筒轴，两端有螺纹，上、下两端分别与发射望远镜和氦氖激光器套筒相连接，两者位置可对调，构成向上或向下发射激光束的铅垂仪。仪器上设置有两个互成 90°的管水准器，仪器配有专用激光电源。

2）激光铅垂仪投测轴线。图 3—43 所示为激光铅垂仪轴线投测的示意图，其投测方法如下：

①在首层轴线控制点上安置激光铅垂仪，利用激光器底端（全反射棱镜端）所发射的激光束进行对中，通过调节基座整平螺旋，使管水准器气泡严格居中。

②在上层施工楼面预留孔处，放置接收靶。

③接通激光电源，启动激光器发射铅直激光束，通过发射望远镜调焦，使激光束会聚成红色耀目光斑，投射到接收靶上。

④移动接收靶，使靶心与红色光斑重合，固定接收靶，并在预留孔四周做出标记，此时，靶心位置即为轴线控制点在该楼面上的投测点。

知识拓展

高层建筑物施工中，传递高程的方法有以下几种：

1. 利用皮数杆传递高程

在皮数杆上自 ±0.000 m 标高线起，门窗口、过梁、楼板等构件的标高都已注明。一层楼砌好后，则从一层皮数杆起一层一层往上接。

2. 利用钢卷尺直接测量

在标高精度要求较高时，可用钢卷尺沿某一墙角自 ±0.000 m 标高处向上直接测量，把高程传递上去。然后根据由下面传递上来的高程立皮数杆，作为该层墙身砌筑和安装门窗、过梁及室内装修、地坪抹灰等控制标高的依据。

3. 悬吊钢卷尺法

在楼梯间悬吊钢卷尺，钢卷尺下端挂一垂球，使钢卷尺处于铅垂状态，用水准仪在下面与上面楼层分别读数，按水准测量原理把高程传递上去。

*第七节　烟囱水塔施工测量

烟囱和水塔的施工测量相似，现以烟囱为例加以说明。烟囱是一种特殊构筑物，其特点是基础面积小，筒身长，稳定性差。因此不论是砖结构还是钢混结构，施工测量时必须严格控制筒身中心的垂直偏差，以保证烟囱的稳定性。当烟囱高度 H 大于 100 m 时，筒身中心线的垂直偏差应小于 0.000 5H，烟囱砌筑圆环的直径偏差值不得大于 3 cm。

下面介绍其施测步骤：

一、烟囱的定位

施工以前，首先按图样要求根据场地控制网，在实地定出烟囱的中心位置 O，如图 3—44 所示，然后再定出以 O 点为交点的两条相互垂直的定位轴线 AB 和 CD，同时定出第三个方向作为检核。为了便于在施工过程中检查烟囱的中心位置，可在轴线上多设置几个控制桩，各控制桩到烟囱中心点 O 的距离视烟囱高度而定，一般为烟囱高度的 1.5 倍。烟囱中心点 O 处打入大木桩，上部钉一小钉，以示中心点位。

二、基础施工测量

基坑的开挖方法依施工场地的实际情况而定。当现场比较开阔时，常采用"大开口法"进行施工。如图 3—44 所示，以 O 点为圆心，以烟囱底部半径 r 加上基坑放坡宽度 s 为半径（即 $r+s$），在地面上画圆，并撒灰线，以标明开挖边线；同时在开挖边线外侧定位轴线方向上钉四个定位小木桩，作为修坑和恢复基础中心用。当挖坑到设计深度时，在坑的四壁测设水平桩，作为检查挖坑深度和确定浇筑垫层标高用。浇筑混凝土时，根据定位小木桩，在垫层表面烟囱中心点处埋设铁桩作为标志，然后再根据定位轴线，用经纬仪把烟囱中心投到桩上，并刻上"＋"字，作为筒身施工时竖向投点和控制半径的依据。

三、筒身施工测量

在烟囱筒身施工中，每提升一次模板或步架时，都要吊垂线或用激光导向，将烟囱中

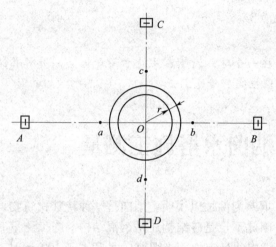

图 3—44　烟囱中心位置、轴线及边线的测设

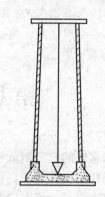

图 3—45　筒身施工测量

心垂直引测到施工的作业平台上，如图 3—45 所示。以引测的中心为圆心，以作业平台上烟囱的设计半径为半径，以木尺杆画圆，以检查烟囱壁的位置，并作为下一步搭架或滑模的依据。吊垂线法是在施工工作面的木方上用细钢丝悬吊 8 ~ 12 kg 的垂球（质量依高度而定），逐渐移动木方，当垂球尖对准基础中心时，钢丝在木方上的位置即为烟囱的中心。一般砖烟囱每砌一步架（约 1.2 m）引测一次；混凝土烟囱升一次模板（约 2.5 m）引测一次；每升高 10 m，要用经纬仪检查一次。检查时把经纬仪安置在控制桩 A、B、C、D 上，瞄准相应定位桩 a、b、c、d，把各轴线投测到施工面上并做标记，然后按标记拉两根小线绳，其交点即为烟囱中心点。定出中心点后，与垂球引测的中心点相比较，以做检核。

国内不少高大的钢筋混凝土烟囱，采用激光铅垂仪进行烟囱铅直定位。定位时，将激光铅垂仪安置在烟囱底部的中心标志上，在作业平台中央安置接收靶，烟囱模板每滑升 25 ~ 30 cm 浇筑一层混凝土，每次模板滑升前后各进行一次观测。观测人员在接收靶上可直接得到滑模中心对铅垂线的偏离值，施工人员依此调整滑模位置。在施工过程中要经常对仪器进行激光束的垂直度检验和校正，以保证施工质量。

烟囱筒身标高测设是先用水准仪在烟囱外壁上测设出 +0.500 m 标高线，然后从该标高线起，用钢卷尺竖直测距，以控制烟囱砌筑的高度。

思考练习题

一、简答题

1. 测设的三项基本工作是什么？

2. 简述用一般方法测设已知水平角 β 的步骤。

3. 点的平面位置的测设方法有哪几种？各在什么条件下采用较适宜？各需要什么测设数据？

4. 什么是建筑基线？建筑基线的布设应注意哪几个问题？

5. 施工测量前应收集哪些资料？

6. 试述设置龙门板的步骤和要求。

7. 如何进行墙体轴线的测设？

8. 如何控制楼板板底标高？

9. 高层建筑物如何逐层将轴线向上投测传递？

二、计算题

1. 在等倾斜地面上，用精确方法测设直线长度为 82.500 m 的水平距离 AB。在 A 点经定线、概量、钉桩、往返精密测量得平均长度为 82.518 m 的 B' 后，若测量时使用的是在 20℃ 下检定尺实际长度 30.000 6 m，名义长度为 30 m 的钢卷尺。用检定时的拉力，在温度为 31.7℃，A、B' 两点高差为 −0.83 m 的情况下，问 B 点应沿 AB' 直线的 B' 点修正多长方可定出 B 点的位置，得 AB 长为 82.500 m。（钢卷尺的膨胀系数 $\alpha = 0.000\ 012$）

2. 已知水准点 A 的高程 $H_A = 20.355$ m，若在 B 点处墙面上测设出高程分别为 21.000 m 和 23.000 m 的位置，设在 A、B 中间安置水准仪，后视 A 点水准尺得读数 $a = 1.452$ m，问怎样测设才能在 B 处得到设计标高？请绘一略图表示。

3. 如图 3—46 所示，已知地面水准点 A 的高程为 $H_A = 40.000$ m，若在基坑内 B 点测设 $H_B = 30.000$ m，测设时 $a = 1.415$ m，$b = 11.365$ m，$a_1 = 1.205$，问当 b_1 为多少时，其尺底即为设计高程 H_B？

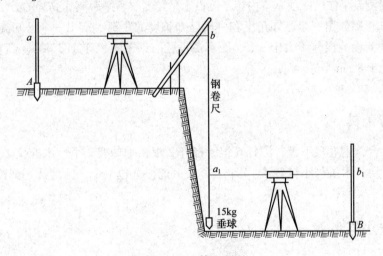

图 3—46　第 3 题图

4. 如图 3—47 所示，欲由原有教学楼旁测设新建办公楼和宿舍，图上给出的数字都为外墙皮之间的间距。已知设计给定的外轮廓承重砖墙厚为 37 cm，定位轴线距外皮 24 cm，试分别叙述办公楼与宿舍楼四角定位点是如何测设的。（该题要求绘出测设略图，依图叙述，并注明测设的尺寸数据）

27.500　　4.000

15.500

宿舍楼

20.000

原有教学楼

办公楼　　12.500

20.000　　33.600

单位：m

图 3—47　第 4 题图

技能训练 7　测设的基本工作

一、目的与要求

（1）掌握测设工作的三项基本内容：测设水平角度、水平距离、高程的方法及操作过程。

（2）要求正确放出一个已知角度和一段已知长度的距离，定出一个已知高程的位置。

（3）角度测设的误差不大于 ±1′，距离测设相对误差不大于 1/3 000，高程测设后的检查误差应不大于 8 mm。

二、仪器与工具

经纬仪 1 台，钢卷尺 1 盘，测钎 6 根，标杆 2 根，垂球架 2 个，水准仪 1 台，水准尺 1 支，记录板 1 块，木桩与小钉各 4～5 个，斧头 1 把，背包 1 个，温度计、弹簧秤各 1 个。

三、训练方法与步骤

1. 布置场地

由教师指定一块较开阔的场地，并提供控制点及水准点的位置及高程。如没有已知控制点，则可每小组临时布置 A、B 两点（AB 作为测设已知水平角 β 的起始边，A 作为测设已知长度 D 的起点），并给定 A 点的高程 H_A（作为测设已知高程 $H_设$ 的水准点），如图 3—48

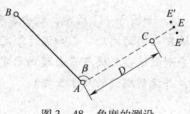

图 3—48　角度的测设

所示。

2. 测设已知水平角 β

测设已知水平角 β 的大小可由教师视现场情况给定一个角度值。

（1）在 A 点安置经纬仪，对中，整平，盘左位置瞄准 B 点所竖的垂球架，配置度盘位置为 $0°00'00''$。

（2）转动照准部，使水平度盘读数准确对在 β 值上。在视线方向上，指挥第二者，投测一点 E'。

（3）纵转望远镜，置于盘右位置，再照准 B 点，读取水平度盘读数。在读数值上加 β 值，转动照准部，使水平度盘的读数准确对在计算值上。在视线方向上再指挥第二者，投测一点 E''。

（4）E' 与 E'' 两次投测点相离在容许范围内，取其中间位置 E 作为所测设 β 角的终边方向。

（5）在 E 点安置垂球架，实测所放出的 β 角（$\angle BAE$）应在 $\beta \pm 1'$ 的范围内。如要求用精确方法测设水平角 β，则先只用盘左半测回投测一次。得 E' 点后，在 E' 点上安置垂球架，用多测回实测所放的角 $\angle BAE'$，取平均值为 $\beta'_{放}$，计算测设误差角 $\Delta\beta = \beta'_{放} - \beta$。再计算改正数 δ，测量 AE' 的长，在 E' 点做 AE' 的垂线，按 $\delta = AE' \cdot \dfrac{\Delta\beta}{\rho}$ 在垂线上由 E' 量 δ，从而定出 E 点位置，再实测检查，其误差应不大于 $\pm 24''$。

3. 测设已知长度为 D 的距离

测设已知长度为 D 的距离由教师视场地情况给定一个恰当的值。

（1）若要求在 AE 方向上测设已知长度为 D 的距离，定出 C 点。其方法为定线后，从 A 点沿 AE 方向量 D 值，钉木桩，在桩顶做出点位标记。

（2）从 A 点再次定线，第二次再测量 D 值，在桩顶做标记，取两次位置的中点钉以小钉为 C' 点点位，AC' 应等于 D 值。

（3）检查其相对误差应不大于 $1/3\,000$。

如要求用精确方法测设已知长度的水平距离，则在完成上述（1）的操作后，在桩顶钉以小钉，然后用精确方法实量 AC 长度，并测温度、高差，然后计算修正值 $\Delta D = D_{放} - D$。

若 ΔD 为正值则从 C' 点往 A 点方向，向内量 ΔD，定出 C 点而将 C' 废去；若 ΔD 为负值，则从 C' 点往外量 ΔD，定出 C 点而将 C' 废去。

4. 测设已知高程 $H_{设}$，在一定位置做出其标志线

根据教师给定的水准点，如 A 点的高程 H_A，以及给定的测设高程 $H_{设}$，求在 G 点木桩上（或指定的电线杆、墙等位置）做出 $H_{设}$ 的标高线。其测设方法如下：

（1）在 G 点钉立高于地面一定高度的木桩，A 点及 G 点中间安置水准仪，后视水准点 A，读得后视读数 a。

（2）计算视线高程与按设计高程 $H_{设}$ 的应读前视读数 $b_{应}$，计算式为：

$$H_{视} = H_A + a$$
$$b_{应} = H_{视} - H_{设}$$

（3）将望远镜转向 G 点方向，令前尺手在 G 点木桩侧面贴靠着立直水准尺。在精平情况下，观测者指挥前尺手上下移动标尺，当中丝读数恰为 $b_{应}$ 值时，沿尺底面画出标志线，即为 $H_{设}$ 应在的位置。

（4）移动仪器位置后，在 A 点及 G 点标志线上立尺。按水准测量方法测 A、G 两点高差，计算标志线的高程，其值与给定的设计高程之差应不大于 ± 8 mm。

四、训练报告

测设完成后填写如下手簿：

1. 水平角测设记录

水平角测设记录手簿见表 3—3。

表 3—3   水平角测设记录手簿

日　　期_____ 　　天气_____ 　　班级_____ 　　小组_____

仪器型号_____ 　　观测者_____ 　　记录者_____

测站	设计角值 ° ′ ″	竖盘位置	目标	水平度盘安置数 ° ′ ″	测设略图	备注
		左				
		右				
		左				
		右				

2. 精确方法测设已知水平角的检测记录与计算

精确方法测设已知水平角的检测记录与计算见表 3—4。

表 3—4　　　　　　　　　　精确方法测设已知水平角的检测记录与计算

日　期＿＿＿＿＿＿　　　天气＿＿＿＿＿　　　班级＿＿＿＿＿＿　　　小组＿＿＿＿＿＿

仪器型号＿＿＿＿＿＿＿＿＿　　　观测者＿＿＿＿＿　　　记录者＿＿＿＿＿

测站	竖盘位置	目标	水平度盘读数 。′″	半测回角值 。′″	一测回角值 。′″	各测回平均值 。′″	距离改正数计算（mm）
							$\Delta\beta = \beta_{平} - \beta_{设}$ $\delta = \dfrac{\Delta\beta}{\rho} \cdot D$ $\rho = 206\ 265''$ $\Delta\beta =$ $\delta =$

3. 精确方法测设已知长度的实量记录与改正值计算

精确方法测设已知长度的实量记录与改正值计算见表 3—5。

表 3—5　　　　　　　　　精确方法测设已知长度的实量记录与改正值计算

日　期＿＿＿＿＿＿　　　天气＿＿＿＿＿　　　班级＿＿＿＿＿＿　　　小组＿＿＿＿＿＿

钢尺编号＿＿＿＿＿＿＿＿＿　　　尺长方程＿＿＿＿＿　　　记录者＿＿＿＿＿

尺段编号	次数	前尺读数（m）	后尺读数（m）	尺段长度（m）	尺段改正数（m）	温度改正数（m）	高差改正数（m）	改正后尺段（m）	备注
	1								
	2								
	3								
	平均								

续表

尺段编号	次数	前尺读数（m）	后尺读数（m）	尺段长度（m）	尺段改正数（m）	温度改正数（m）	高差改正数（m）	改正后尺段（m）	备注
	1								
	2								
	3								
	平均								
	1								
	2								
	3								
	平均								
	1								
	2								
	3								
	平均								

4. 距离改正值计算

距离改正值计算见表3—6。

表3—6　　　　　　　　　　　　距离改正值计算

线段名	实量平均距离 $D_平$（m）	设计距离 D（m）	距离改正数（m） $\Delta D = D_平 - D/m$	备注

5. 高程测设记录

高程测设记录见表3—7。

表 3—7　　　　　　　　　　高程测设记录

日　期＿＿＿＿＿　　　　天气＿＿＿＿＿　　　　班级＿＿＿＿＿　　　　小组＿＿＿＿＿

仪器型号＿＿＿＿＿＿＿　　　　观测者＿＿＿＿＿　　　　记录者＿＿＿＿＿

测站	点号	标尺读数 (m)		高差（m）	高程（m）		设计高程（m）	误差值（m）
	后	后			后			
	前	前			前			
	后	后			后			
	前	前			前			
	后	后			后			
	前	前			前			
	后	后			后			
	前	前			前			
	后	后			后			
	前	前			前			

技能训练 8　建筑物的定位测设

一、目的与要求

（1）掌握根据建筑基线或已有建筑物测设新建筑定位点的测设方法。

（2）要求各小组独立测设一幢新建筑物的四个定位角点，如条件许可，并钉立轴线控制桩。

（3）测设边长相对误差不大于1/3 000，各内角误差应在±1′的范围之内。

二、仪器与工具

经纬仪1台，垂球架1个，钢卷尺1盘，测钎11根，标杆1根，记录板1块，木桩与小钉各4~8个，斧头1把，背包1个。

三、训练方法与步骤

（1）根据教师给定的建筑基线或已有的建筑物，以及设计给出的新建筑物四个角点与其间的尺寸关系，计算测设所需要的各项数据，并绘出测设略图。如图 3—49a 所示，图中数值为新建筑物与原有建筑物之间的数据关系，如图 3—49b 所示，图中数值为与建筑基线之间的数据关系。

（2）如图 3—49a 所示，从原有建筑物东、西两山墙沿边线从角点向南各量出 1 m，得 A、B 两点，做出标记，借得 AB 直线与原建筑物南墙的一条平行线（图 3—49b 已有建筑基线，则不需借线）。

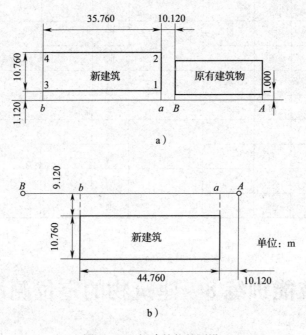

a）

b）

图 3—49　拟建筑物的测设

（3）在 AB 的延长线上，从 B 点测设已知长度 10.120 m 及 45.880 m，得 a、b 两辅助点（如图 3—49b 所示，则从 A 点沿 AB 方向量 10.120 m 及 45.880 m 得 a、b 两辅助点），做出标记。

（4）在 a、b 两点分别安置经纬仪，以 aA、bA 为起始方向，测设 270°的已知水平角，得 a2 与 b4 桩，钉以小钉（如图 3—49b 所示，在 a、b 点分别以 aB、bA 为起始方向，即以长边为起始方向的原则下，前者测 270°、后者测 90°的已知水平角 a2、b4 方向线，从 a 点和 b 点起，沿方向线量 9.120 m 和 19.880 m 得 1、2、3、4 四个定位点，打下木桩，钉以小钉）。

（5）检查测设精度。实量 12、34、13、24 边长，与设计边长的相对误差应不大于1/3 000。实测 1、2、3、4 四个点中的三个内角，各内角应在 90°±1′的范围之内。

四、训练报告

1. 绘制与图 **3—49a、b** 相似的测设略图。

2. 填写检查记录于表 **3—8** 内。

表 3—8 检查记录表

线段名称	实量距离 $D_实/$（m）	设计边长 $D_设/$（m）	误差值（m） $\Delta D = D_实 - D_设$	相对精度 $K = \dfrac{1}{D_设/\Delta D}$

3. 填写内角检查记录（见表 **3—9**）。

表 3—9 内角检查记录

测站	竖盘位置	目标	水平度盘读数 °′″	半测回角值 °′″	一测回角值 °′″	测回平均值 °′″	误差值
	左						
	右						
	左						
	右						
	左						
	右						

第四章 建筑物沉降观测与竣工测量

学习目标

掌握建筑物沉降观测的方案确定、组织与实施、数据处理等的能力，了解建筑物沉降观测的内容，掌握竣工图绘制内容及绘制的要求。

随着建筑业的发展，各种复杂大型的工程建筑物日益增多，工程建（构）筑物的兴建，改变了地面原有的状态，并且对地基施加了一定的压力，这就必然会引起地基及周围地层的变形。为了保证建（构）筑物的正常使用寿命和建（构）筑物的安全性，并为以后的勘察、设计、施工提供可靠的资料及相应的沉降参数，建（构）筑物沉降观测的必要性和重要性愈加明显。特别在高层建筑物施工过程中，应用沉降观测加强过程监控，指导合理的施工工序，预防在施工过程中出现不均匀沉降，及时反馈信息，为勘察设计施工部门提供详尽的第一手资料，避免因沉降原因造成建（构）筑物主体结构的破坏或产生影响结构使用功能的裂缝，造成巨大的经济损失。

第一节 沉 降 观 测

为了检查工程设计、施工、安全是否符合预期要求及对邻近建筑物的影响，对大型工业与民用建筑物、构筑物、建筑场地、地基基础等需要进行变形观测。变形观测的主要工作有沉降观测、倾斜观测和裂缝观测。其中沉降观测最为常见。

测定建筑物上固定观测点的高程随时间而变化的工作称为沉降观测。沉降观测时，在能表示沉降特征的部位设置沉降观测点，在沉降影响范围之外埋设水准基点，利用水准基点定期测量沉降观测点高程，从而在各个沉降观测点高程的变化中了解建筑物的上升或下降的情况。

一、高层建筑物沉降的原因

高层建筑发生沉降的原因是非常复杂的，由基础沉降计算公式可知，高层建筑地基沉降量与地基的压缩模量、地基压缩层厚度 H 及附加应力有关，当它们相差太悬殊时，就会导致建筑地基产生不均匀沉降。引起高层建筑物沉降的原因是多方面的，具体包括地基土本身的不均匀性、地基处理方法选取不当、施工中出现的原因和建成使用后的意外原因等。

二、沉降观测基本要求

1. 仪器设备要求

根据沉降观测精度要求高的特点，为能精确地反映出建（构）筑物在不断加荷作用下的沉降情况，一般规定测量的误差应小于变形值的 $1/20 \sim 1/10$，而且应精确到毫米级。为此要求沉降观测应使用精密仪器。通常采用精密水准仪来测定沉降变化值，也可用电子水准仪、液体静力水准仪等来进行测量。一般沉降观测应使用 S_1 或 S_{05} 级精密水准仪，水准尺也应使用受环境及温差变形影响小的高精度铟合金水准尺。在无铟合金水准尺的情况下，使用一般塔尺尽量使用第一标尺。

2. 观测精度要求

根据建（构）筑物的特性和建设单位、设计单位的要求选择沉降观测精度的等级。在没有特别要求的情况下，一般性的高层建构筑物施工过程中，采用二等水准测量的观测方法就能满足沉降观测的要求。各项观测指标要求如下：

（1）往返较差、附合或环线闭合差 $\leqslant 4\sqrt{L}$，L 为路线长度，单位是 km。

（2）前后视距 $\leqslant 50$ m。

（3）前后视距差 $\leqslant 1.0$ m。

（4）前后视距累积差 $\leqslant 3.0$ m。

3. 观测周期和观测时间要求

沉降观测的周期和观测时间应按下列要求并结合实际情况确定。

（1）建筑施工阶段的观测应符合的规定

1）普通建筑可在基础完工后或地下室完工后开始观测，大型、高层建筑可在基础垫层或基础底部完成后开始观测。

2）观测次数与间隔时间应视地基与加荷情况而定。民用高层建筑可每加高 $1 \sim 5$ 层观测一次，工业建筑可按回填基坑、安装柱子和屋架、砌筑墙体、设备安装等不同施工阶段分别进行观测。若建筑施工均匀增高，应至少在增加荷载的 25%、50%、75% 和 100% 时各测一次。

3）施工过程中若暂停施工，在停工及重新开工时应各观测一次。停工期间可每隔 $2 \sim 3$ 个月观测一次。

（2）建筑使用阶段的观测次数，应视地基土类型和沉降速率大小而定。除有特殊要求外，可在第一年观测 $3 \sim 4$ 次，第二年观测 $2 \sim 3$ 次，第三年后每年观测 1 次，直至稳定为止。

（3）在观测过程中，若有基础附近地面荷载突然增减、基础周围大量积水、长时间连续降雨等情况，均应及时增加观测次数。当建筑突然发生大量沉降、不均匀沉降或严重裂缝时，应立即进行逐日或 2~3 天一次的连续观测。

（4）建筑沉降是否进入稳定阶段，应由沉降量与时间关系曲线判定。当最后 100 天的沉降速率小于 0.01~0.04 mm/天时可认为已进入稳定阶段。具体取值宜根据各地区地基土的压缩性能确定。

三、沉降观测点的布设

沉降观测点的布设应能全面反映建筑及地基变形特征，并顾及地质情况及建筑结构特点。

1. 点位的选设位置

（1）建筑的四角、核心筒四角、大转角处及沿外墙每 10~20 m 处或每隔 2~3 根柱基上。

（2）高低层建筑、新旧建筑、纵横墙等交接处的两侧。

（3）建筑裂缝、后浇带和沉降缝两侧、基础埋深相差悬殊处、人工地基与天然地基接壤处、不同结构的分界处及填挖方分界处。

（4）对于宽度大于等于 15 m 或小于 15 m 而地质复杂及膨胀土地区的建筑，应在承重内隔墙中部设内墙点，并在室内地面中心及四周设地面点。

（5）邻近堆置重物处、受震动影响显著的部位及基础下的暗浜（沟）处。

（6）框架结构建筑的每个柱基上或沿纵横轴线上。

（7）筏形基础、箱形基础底板或接近基础的结构部分四角处及其中部位置。

（8）重型设备基础和动力设备基础的四角、基础形式或埋深改变处及地质条件变化处两侧。

（9）对于电视塔、烟囱、水塔、油罐、炼油塔、高炉等高耸建筑，点位应设在沿周边与基础轴线相交的对称位置上，点数不少于 4 个。

2. 埋点方法

为了便于观测及长期保存，观测点采用暗藏式。埋设时用直径为 32 mm 的电锤在设计位置打孔，将直径 28 mm、长度 12 cm 的预埋件放入孔内，周围用环氧树脂填充使其牢固。观测时将活动标志旋紧，测毕取出，盖好保护盖。这样既不影响建筑物的外观又起到保护标志的作用。

四、施测步骤

用精密水准测量的方法来观察高层建筑物的沉降的具体步骤如下：

1. 建立水准控制网

根据建设单位提供的水准控制点（城市精密水准点或导线点）结合工程特点布局、现场的环境条件制定测量方案和布局网原则来建立水准控制网。在实际测量中，有以下要求：

（1）在一般高层建筑物周围要布置间距不大于 100 m 的 3 个以上的水准点，各水准点构成闭合图形，以便闭合检校。

（2）在场区内任何地方架设观测仪器时，应能至少后视到 2 个水准点。

（3）各水准点要埋设在建筑物地面沉降区、震动区和开挖区的范围以外，水准点的埋设深度要符合二等水准测量的要求，或其标石埋深应大于邻近建筑物基础的深度，一般埋深要大于 1.5 m。

（4）根据工程特点，建立合理的水准控制网，与基准点和工作基点（应设在扰动基础以外，不受震动影响，相对比较稳定，易于保护，便于利用）联测，平差计算出各水准点的高程。水准点、基准点、工作基点的点位与邻近建筑物的距离不得小于建筑物基础深度的 1.5 ~ 20 倍。工作基点与联系点也可设置在稳定的永久建筑物的基础上。

2. 布设沉降观测点及建立固定的观测路线

高层建筑物的沉降监测点的布设，要结合实际地质情况及建筑结构特点来确定，观测点要全面反映建筑物地基沉降特征。由场区水准控制网，依据沉降观测点的埋设要求或图样设计的沉降观测点布点图，确定沉降观测点的位置。在控制点与沉降观测点之间建立固定的观测路线，并做好标记桩，以便再次观测时能沿同一路线施测。如对于高层建筑的框架结构，应将观测点设在柱基上部或沿纵、横轴线，每隔 8 ~ 12 m，或每隔 2 ~ 3 个柱基布置 1 个，各点之间的间距应控制在 10 ~ 25 m。确定好沉降观测点的位置后，再在沉降点与控制点之间建立固定的观测路线，在路线上确定好架设仪器站点与转点，并做好标记桩。

3. 进行沉降观测

根据编制的工程施测方案及确定的观测周期实施沉降观测，首次观测（即为零周期）应在观测点稳固后及时进行，为确保初期成果的准确性，对各点的初期观测宜进行 2 次。一般高层建筑物有一层或数层地下结构，首次观测应从基础开始，在基础的纵横轴线上按设计好的位置埋设沉降观测点（临时点），等临时观测点稳固好后进行首次观测。首次观测的沉降观测点高程值是以后各次观测用以比较的基础，其精度要求非常高，施测时一般用 N_2 或 N_3 级（DS_1 或 DS_{05} 级）精密水准仪，并且要求每个观测点首次高程应在同期观测两次后决定。随着结构每升高一层，临时观测点移上一层并进行观测，到 +0.00 层后再按规定埋设永久观测点，观测点应设在同一高程面上，各点间高差最大不超过 ±1 cm。然后每施工一层就复测一层，直至竣工。将各次观测记录整理检查无误并进行平差计算后，就可得出各次每个观测点的高程值，从而算出沉降量。

五、观测成果整理

每次观测结束后，应检查记录中的数据和计算是否准确，精度是否合格，然后把各次观测点的高程，列入沉降观测成果表中，并计算两次观测之间的沉降量和累计沉降量，同时也要注明日期及荷载情况。为了更清楚地表示出沉降、荷载和时间三者之间的关系，可画出各观测点的荷载、时间、沉降量曲线图。

1. 整理

沉降观测结束后，应根据工程需要整理以下资料：

（1）场地沉降观测点平面布置图。

（2）场地沉降观测成果表。

（3）相邻地基沉降的距离——沉降曲线图。

（4）场地地面等沉降曲线图。

沉降观测的目的是从多次观测的成果中，发现变形的规律和大小，进而分析变形的性质和原因，以便采取措施。所以成果的表现形式应直观、清晰，通常采用列表、作图等形式。

2. 列表

将各次观测成果依时间先后列表，表 4—1 是一个沉降观测的例子。表中列出了每次观测各点的高程 H，与上一期相比较的沉降量 s，累计的沉降量 $\sum s$，荷载情况，平均沉降量及平均沉降速度等，在做变形分析时，对这些信息可以一目了然。

表 4—1　　　　　　　　　沉降观测成果表

工程名称　　　　　　　　　　仪器　　　　　　观测

点号	首期成果 1995. 3. 4	第二期成果 1995. 5. 8			第三期成果 1995. 7. 2				备注
	H_0 (m)	H (m)	s (mm)	$\sum s$ (mm)	H (m)	s (mm)	$\sum s$ (mm)		
1	17.595	17.590	5	5	17.588	2	7		
2	17.555	17.549	6	6	17.546	3	9		第二期观测为暴雨后
3	17.571	17.565	6	6	17.563	2	8		
4	17.604	17.601	3	3	17.600	1	4		
⋮	⋮	⋮			⋮				
静荷载 P	3.0 t/m²	4.5 t/m²			8.1 t/m²				
平均沉降量		5.0 mm			2.0 mm				
平均沉降速度		0.078 mm/天			0.037 mm/天				

3. 作图

为了更直观地显示所获得的信息，可以将其绘制成图。图4—1所示是一个表示荷载、时间与沉降量的关系曲线图。图中横坐标为时间，可以十天或一个月为单位，纵坐标向下为沉降量，向上为荷载。所以横坐标轴以下是随着时间变化的沉降量曲线；横坐标轴以上则是荷载随时间而增加的曲线。施工结束后，荷载不再增加，则时间荷载曲线呈水平直线。从这个图上，可以清楚地看出沉降量与荷载的关系及变化趋势是渐趋稳定。

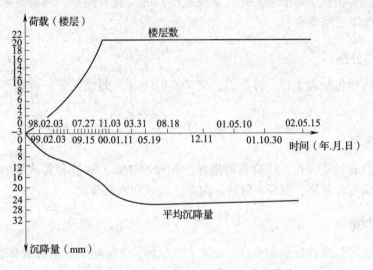

图4—1　荷载、时间与沉降量的关系曲线

利用上述的各种信息，结合有关的专业知识，即可对沉降的原因、趋势等进行几何和物理分析，为制定工程措施提供依据。

需要指出的是，一般认为稳定的基准点，也不可能完全没有变形，所谓稳定只是相对而言。即当变形是对变形点的观测没有实际影响时，就视为是稳定的。

第二节　竣 工 测 量

由于施工过程中的设计变更等原因，使得建（构）筑物的实际竣工情况往往与原设计不完全相符，因此设计总平面图不能完全代替竣工总平面图。为了确切地反映工程竣工后的现状，为工程验收和以后的管理、维修、扩建、改建及事故处理提供依据，需要及时进行竣工测量，并编绘竣工总平面图。

竣工测量应在工业建筑工程、民用建筑工程、城市道路工程、城市桥梁工程、地下管线工程和地下建（构）筑物工程等竣工后进行。测量范围宜包括建设区外第一栋建筑物或市政道路或建设区外不小于30 m。

在每一个单项工程完成后，必须由施工单位进行竣工测量，提出工程竣工测量的成果。

一、竣工测量的内容

1. 工业厂房及一般建筑物

竣工测量内容包括房角坐标，各种管线进出口的位置和高程，并附房屋的编号、结构层数、面积和竣工时间等资料。

2. 铁路和公路

竣工测量内容包括起止点、转折点、交叉点的坐标，曲线元素，桥涵等构筑物的位置和高程。

3. 地下管网

竣工测量内容包括窨井、转折点的坐标，井盖、井底、沟槽和管顶等的高程，并附注管道及窨井的编号、名称、直径、管材、间距、坡度和流向等。

4. 架空管网

竣工测量内容包括转折点、节点、交叉点的坐标，支架间距，基础面高程等。

5. 其他

包括沉淀池、烟囱、煤气罐等及其附属建筑物的外形和四角坐标，圆形构筑物的中心坐标、基础面标高，烟囱高度和沉淀池深度等。

二、竣工测量的控制测量规定

竣工测量完成后，应提交完整的资料，包括工程名称、施工依据、施工成果等，作为编绘竣工总平面图的依据。

竣工测量的控制测量应符合下列规定：

1. 各等级控制点宜埋设标志。
2. 首级控制应采用不低于一次附合图根导线的平面控制点和同级图根高程控制点。
3. 控制网起始点宜采用原建设用图的控制点，当原控制点被破坏时，应重新布设。
4. 控制测量不应采用无定向导线，且不宜采用回头导线。

三、工业建筑工程竣工测量规定

1. 工业厂房及一般建筑物应测定各主要角点坐标、车行道入口、各种管线进出口平面位置和高程，测定主体房顶（女儿墙除外）、地坪、房角室外高程，并应注记厂名、车间名称、结构层数等。

2. 厂区铁路应测定路线转折点、曲线起终点、车挡和道岔中心，测定弯道、道岔、桥涵等构筑物平面位置和高程。直线段应每 25 m 测出轨顶及路基的平面位置和高程；曲线段半径小于 500 m 的应每 10 m 测一点，半径大于 500 m 的应每 20 m 测一点。

3. 厂区内部道路应测定路线起终点、交叉点和转折点，测定弯道、路面、人行道、绿化带界限，构筑物平面位置和高程，并应标注路面结构、路名、道路走向等。

4. 地下管线应测定检修井、转折点、起终点和三通等特征点的坐标，测定井旁地面、井盖、井底、沟槽、井内敷设物和管顶等处的高程，井距大于 75 m 时，应加测中间点。图上宜注明井的编号、管道名称、管径、管材及流向。地下管线的测定宜在管沟回填前完成。

5. 架空管线应测定管线折点、节点、交叉点和支点的平面位置和高程，测定支架旁地面高程。

6. 水池、烟囱、水塔、储气罐、反应炉等特种构筑物及其附属构筑物的平面位置和高程，与各种管线沟槽的接口位置等均应表示，并应测出烟囱及炉体高度、沉淀池深度等。

7. 围墙拐点的坐标、绿化区边界及不同专业的规划验收需要反映的设施和内容，均应测绘。

8. 需计算建筑面积的建筑物，应采用钢卷尺或手持测距仪量测该幢建筑物的四周边长及各层不同结构的边长。

四、民用建筑工程竣工测量规定

1. 民用建筑应测定建筑物各主要角点坐标和高程、零层高程、结构层数、主体房顶高程等；测定建筑物坐标的角点应与建筑放样角点一致，矩形建筑不应少于 3 点，圆形建筑不应少于 4 点，异形建筑应以满足控制建筑物形状的足够点位为准。

2. 建筑区内部道路应测定路线起终点、交叉点和转折点的三维位置，弯道、路面、人行道、绿化带界限，构筑物位置和高程，并应标注路面结构、路名、道路走向等。

3. 民用建筑建设区域内地下管线应全面测量，给水、燃气、电力管线应探测到分户表，排水管线应探测到化粪池。各种管线应与建设区外的市政管线衔接。

4. 需计算建筑面积的建筑物应采用钢卷尺或手持测距仪量测该幢建筑物的四周边长及各层不同结构的边长。

五、竣工图

1. 基本要求

（1）竣工图应包括与施工图（及设计变更）相对应的全部图样及根据工程竣工情况需要补充的图样。

（2）各专业竣工图应符合规范标准及合同文件规定。

（3）竣工总图编绘完成后，应经原设计及施工单位技术负责人审核、会签。

2. 竣工图测绘

（1）竣工图比例尺，宜选用1:500；坐标系统、标记、图例符号应与原设计图一致。

（2）竣工图应根据施工检测记录绘制，对竣工工程现场实测其位置、高程及结构尺寸等。

（3）竣工总图应根据设计和施工资料进行编绘。

（4）当资料不全无法编绘时，应进行实测。对实测的变更部分，应按实测资料绘制。

（5）当平面布置改变超过图上面积1/3时，不宜在原施工图上修改和补充，应重新绘制竣工图。

思考练习题

1. 高层建筑沉降的原因是什么？
2. 简述沉降观测对仪器设备的基本要求。
3. 简述沉降观测对观测精度的要求。
4. 沉降观测点的布设有哪些要求？
5. 简述沉降观测的施测步骤。
6. 沉降观测后，需要整理哪些资料？
7. 竣工图测绘有哪些要求？
8. 民用建筑工程竣工测量有哪些规定？

第五章 现代测量仪器的使用

学习目标

掌握全站仪的基本概况及基本使用步骤，了解电子水准仪的基本概况及特点，了解激光测量仪器的基本概况，了解全球卫星定位系统的基本概况；熟练使用全站仪测量角度、距离，能运用全站仪进行施工放线。

随着现代科学技术的进步和发展，在测量领域也不断出现新型测量仪器。其共同特点是功能强大、操作简单，一些新型仪器的应用突破了常规测量技术的束缚，使现代测量技术迈上了一个新台阶。

第一节 激光测量仪器

激光技术是近代（20 世纪 60 年代初期）迅速发展起来且广泛应用的新兴科学技术。激光是一种新光源，具有定向性强、亮度高、单色性好等特点。将激光技术与常规测量仪器结合起来使得施工测量工作更加形象和直观。

一、激光经纬仪

激光经纬仪是在光学经纬仪的望远镜上加装一只 He－Ne 气体激光器，采用激光束作为可见参考线，其光轴与望远镜视准轴重合，因而这条激光束所指的水平方向及垂直角可通过经纬仪的水平度盘和竖直度盘读出，特别适合于定线、垂直投测工作，如图 5—1a 所示。

望远镜视准轴精确调成水平后，该仪器可代替激光水准仪使用。望远镜视准轴调整成与水平方向垂直指向天顶状态，可作为普通水准仪使用。

1. 激光经纬仪的操作

激光经纬仪的操作与光学经纬仪基本相同，只是在激光器上有一些特殊的操作环节。

（1）接上激光器的电源。

（2）打开激光器开关，发射激光光束。

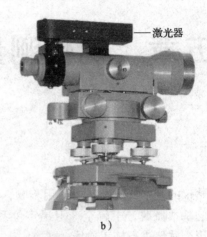

图 5—1　激光测量仪器
a) 激光经纬仪　b) 激光水准仪

（3）观测完毕后，关闭激光器开关，断开电源。

2. 激光经纬仪的特点

（1）望远镜垂直（或水平）转动，可扫描形成垂直（或水平）的激光平面，从而方便地进行测设工作。

（2）激光经纬仪不受场地狭小的影响，仰角过大时，仍能靠激光束定点。

（3）激光经纬仪加装弯管目镜后，可以向天发射垂直激光束，从而代替了传统的吊线坠法测定垂直度，它不受风力影响，施测方便，准确可靠。

（4）在夜间或黑暗场所仍可以进行工作。

二、激光水准仪

1. 激光水准仪的原理

如图 5—1b 所示，激光水准仪是将激光装置发射的激光束导入水准仪的望远镜筒内，使其沿视准轴方向射出，利用激光束代替人工读数的一种水准仪。其原理是利用激光的单色性和相干性，可在望远镜物镜前装配一块具有一定遮光图案的玻璃片或金属片，即波带板，使之生成衍射干涉。经过望远镜调焦，在波带板的调焦范围内，获得一明亮而精细的十字形或圆形的激光光斑，从而更精确地照准目标。如在前、后水准标尺上配备能自动跟踪的光电接收靶，即可进行水准测量。激光水准仪有专门激光水准仪和将激光装置附加在水准仪之上两种形式。与光学水准仪相比，具有精度高、视线长和能进行自动读数和记录等特点。在施工测量和大型构件装配中，常用激光水准仪建立水平面或水平线。

2. 激光水准仪的使用

激光水准仪的操作步骤如下：

（1）按水准仪的操作方法安置，整平仪器，并瞄准目标。

（2）接好激光电源，开启电源开关，待激光器正常起辉后，将工作电流调至 5 mA 左右，这时将有强激光输出，在目标上得到明亮的红色光斑。

（3）读数。

激光水准仪还可以扫出一个水平面，方便地进行找平工作。

第二节　电子水准仪

电子水准仪又称数字水准仪，是在仪器的望远镜光路中增加了分光镜和光电探测器等部件，采用条码水准尺和图像处理电子系统，构成光、电、机及信息存储为一体化的水准测量系统，图 5—2 所示为天宝 DiNi 电子水准仪。本节以天宝 DiNi 电子水准仪为例讲解电子水准仪的构造和使用。

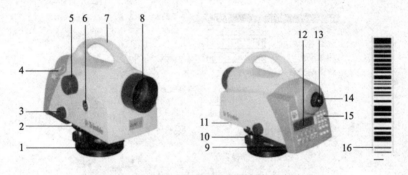

图 5—2　天宝 DiNi 电子水准仪各部件名称

1—基座　2—刻度盘　3—微动螺旋　4—圆水准器　5—调焦螺旋　6—测量快捷键　7—提手

8—物镜　9—PCMCIA 卡插槽　10—脚螺旋　11—电池锁扣　12—显示屏　13—目镜

14—水平气泡观察窗　15—操作键　16—条码水准尺

一、电子水准仪的特点

与光学水准仪相比，电子水准仪有以下优点：

（1）自动电子读数代替人工读数，不存在读错、记错等问题，也没有人为读数的误差。

（2）精度高，用的是条码水准尺，如图 5—2 中的 16 所示。

（3）速度快，效率高，实现自动记录，检核处理和存储。

（4）数字化水准仪一般具有补偿器的自动安平功能，当采用普通水准尺时，又可当作普通自动安平仪使用。

（5）具有数据自动存储、处理、交换功能，与相应的软件配套，可以利用计算机实现测量作业的电子化、自动化，大大提高了工作质量和工作效率。

二、电子水准仪的构造

电子水准仪一般由基座、水准器、望远镜及数据处理系统等组成。各部件名称如图5—2所示。

三、电子水准仪的使用

电子水准仪线路测量一般先要新建一条线路，名字为自定义，测量模式根据测量规范及往返测选择，一般就是 aBFFB 和 aFBBF。奇偶站交替为变化奇、偶站的照准前后尺测量。

1. 水准测量线路设置界面（见图5—3）

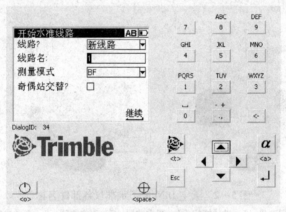

图5—3　水准线路设置界面

（1）输入新线路的名称，如"1"，或者从项目中选择一条旧线路继续测量。

（2）设置测量模式，如"BF"（测量模式有 BF、BFFB、BFBF、BBFF 和 FBBF）。

（3）奇偶站交替，利用向左键进行选择。

2. 输入第一测站信息界面（见图5—4）

如图5—5所示，"001"表示第一个测站，黑色光标落在 B 上说明先测后视。界面中的最左边的内容表示刚操作过的内容（现在还没有数据显示），中间窗口表示的是即将要操作的内容，依次测完一个测站的 BFFB。第一个测站完成后，仪器测站编号会自动提示SNo：001，这时仪器操作人员就可以搬站了。

（1）输入要测量的点号，如"001"。

（2）可以输入代码。

（3）输入基准高，如"102.5"。

（4）瞄准要测量的标尺，点击测量键测量。

图5—4　输入第一测站信息界面

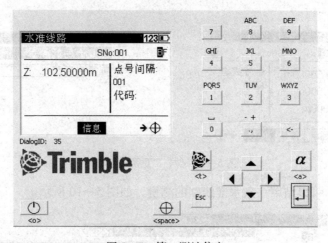

图5—5　第一测站信息

　　屏幕左边表示上一点（后视点）的测量结果；屏幕右边表示将要测量的下一个点（前视点）；如果测量的结果不满足要求，可以重新进行测量，如图5—6所示。

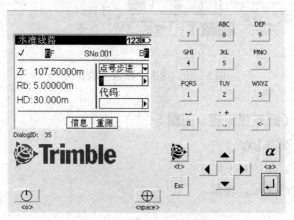

图5—6　第一测站测量结果

点击"信息"可以看到更多的信息，如图5—7所示。点击"显示"可以看到更多的信息，如图5—8所示。

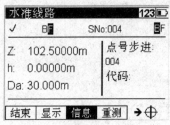

图5—7　点击"信息"界面

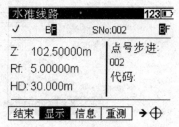

图5—8　点击"显示"界面

若测量过程中出现差错，如不小心踢了脚架，则可以重测，点击"重测"可以对最后的测量或最后的测站进行重测，如图5—9所示；点击"结束"可以结束一条水准线路的测量。

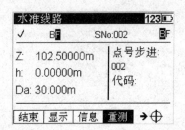

图5—9　点击"重测"界面

点击"结束"可以结束一条水准线路的测量，如图5—10所示。

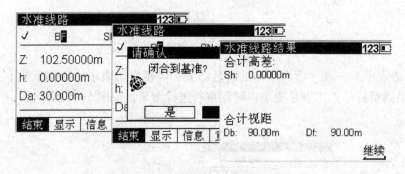

图5—10　点击"结束"的界面

3. 中间点测量（即支线测量，见图5—11）

（1）输入点号，如"100"。

（2）输入基准高，如"103.6"。

（3）瞄准要测量的标尺，测量。

（4）点击"接受"。

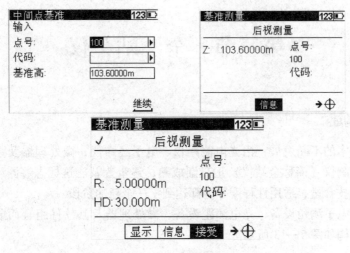

图 5—11 中间点测量界面

4. 下一个测站点的输入及测量（见图 5—12）

（1）测完第二测站后界面会自动变成"003"，依次一直测完整个测段。在测量过程中可以实时查看仪器及测量信息，将光标移至"信息"，可看到关于仪器内存、电池电量、日期时间及前视距总和、后视距总和的大小等信息。

（2）测到偶数站后，如果已经测到另一个水准点，则将光标移至"ESC"，如果有高程则点"是"，没有则点"否"，最后仪器会自动显示该测段的高差、前视距总和、后视距总和。

1）输入下一点的点号。

2）瞄准要测量的标尺，进行测量。

3）光标移至"ESC"键，退出中间点测量程序。

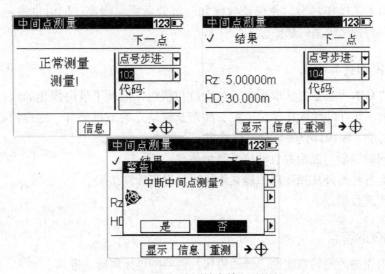

图 5—12 下一个测站点输入及测量

第三节 全 站 仪

一、全站仪概述

随着科学技术的不断发展，由光电测距仪、电子经纬仪、微处理器及数据记录装置融为一体的电子速测仪（简称全站仪）正日渐成熟，逐步普及。这标志着测绘仪器的研究水平制造技术、科技含量、适用性程度等，都达到了一个新的阶段。

全站仪是由电子测角设备、光电测距设备、微处理器及其软件组合而成的智能型光电测量仪器，其结构如图5—13所示。

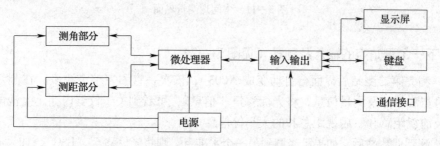

图5—13 全站仪的结构

全站仪能自动测量角度和距离，并能按一定程序和格式将测量数据传送给相应的数据采集器。全站仪自动化程度高，功能多，精度好，通过配置适当的接口，可使野外采集的测量数据直接进入计算机进行数据处理或进入自动化绘图系统。与传统的方法相比，省去了大量的中间人工操作环节，使劳动效率和经济效益明显提高，同时也避免了人工操作、记录等过程中差错率较高的缺陷。

1. 全站仪的基本功能

全站仪的基本功能是测量水平角、竖直角和斜距，借助于机内固化的软件，可以组成多种测量功能，如可以计算并显示平距、高差及镜站点的三维坐标，进行偏心测量、悬高测量、对边测量、面积计算等。全站仪具有如下特点：

（1）能同时测角、测距并自动记录测量数据。

（2）设有各种野外应用程序，能在测量现场得到计算结果。

（3）能实现数据流。

2. 全站仪的特点

（1）采用先进的同轴双速制、微动机构，使照准更加快捷、准确。

（2）具有完整的人机对话控制面板，由键盘和显示窗组成，除照准目标以外的各种测量功能和参数均可通过键盘来实现。仪器两侧均有控制面板，操作方便。

（3）设有双轴倾斜补偿器，可以自动对水平和竖直方向进行补偿，以消除竖轴倾斜误差的影响。

（4）机内设有测量应用软件，能方便地进行三维坐标测量、放线测量、后方交会、悬高测量、对边测量等多项工作。

（5）具有双路通视功能，仪器将测量数据传输给电子手簿式计算机，也可接收电子手簿式计算机的指令和数据。

（6）利用传输设备可将全站仪与计算机、绘图仪等连接在一起，形成一套测绘系统，以提高地形图测绘的效率与精度。

二、NTS－355 全站仪的构造

图 5—14 所示是 NTS－355 全站仪，它带有数字/字母键盘，其主要技术参数为：一测回方向观测中误差为 ±5″，竖盘指标自动归零补偿采用液体电子传感补偿器，补偿范围为 ±3′；在良好大气条件下的最大测量距离为 2.6 km（使用三块棱镜），距离测量误差为 2 mm+2ppm；带有内存的程序模块可以储存 3 440 个点的测量数据和坐标数据；仪器采用 6 V 镍氢可充电电池供电，一个充满电的电池可供连续测量 8～10 h，其构造如图 5—15 所示。

图 5—14　NTS－355 全站仪

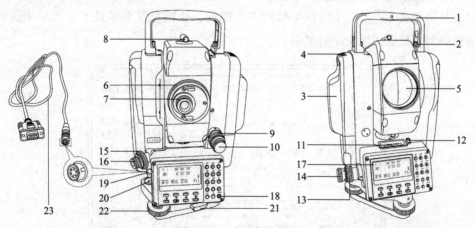

图 5—15　全站仪的构造

1—手柄　2—手柄固定螺钉　3—电池盒　4—电池盒按钮　5—物镜　6—物镜调焦螺旋　7—目镜调焦螺旋
8—光学照准器　9—望远镜制动螺旋　10—望远镜微动螺旋　11—管水准器　12—管水准器校正螺钉
13—水平制动螺旋　14—水平微动螺旋　15—光学对中器物镜调焦螺旋　16—光学对中器目镜调焦螺旋
17—屏幕　18—电源开关键　19—通信接口　20—圆水准器　21—轴套锁定钮　22—脚螺旋　23—CE－通信电缆

1. 全站仪的望远镜

目前的全站仪基本采用望远镜光轴（视准轴）和测距光轴完全同轴的光学系统，所以从外观上看，它只有一个物镜，这样的设计使得一次照准就能同时测量出角度和距离。

2. 微处理器及其数据记录

全站仪的内部装有一个微处理器，用来控制电子测角、测距，以及各项固定参数如温度、气压、棱镜常数等信息的输入、输出。还可以由它设置各项观测误差的改正、有关数据的实时处理及控制电子手簿。

全站仪一般均有与之相匹配的数据自动记录装置，依仪器结构不同有三种方式：一是通过电缆将仪器的数据传输接口与外接的记录器连接起来，数据直接存储在外接的记录器上；二是仪器内部有一个大容量的内存，用于记录数据；三是在仪器上插入数据记录卡，数据的自动记录和查询都非常方便。

外接记录器又称电子手簿，实际生产中常用掌上计算机作为电子手簿，如日本 SHARP 公司生产的 PC – E500，不仅具有自动数据记录功能，而且还具有编程处理功能，全站仪和电子手簿的通信接口一般为 RS – 232C 标准通用接口。

3. 显示屏及其操作键

目前的全站仪在仪器正、反两面都有一个相同的液晶显示屏，上面几行显示观测数据，最下面一行显示各个软件功能，软件功能随观测模式的不同而改变。

NTS – 355 全站仪操作面板如图 5—16 所示，面板上共有 23 个键，各键的功能列于表 5—1，仪器有角度测量、距离测量、坐标测量、星键和菜单共 5 种模式，各种模式下的功能选择都是通过按 F1 ~ F4 四个软键来实现的，软键在某个模式下各菜单中的功能在屏幕底部的对应位置以中文字符显示。

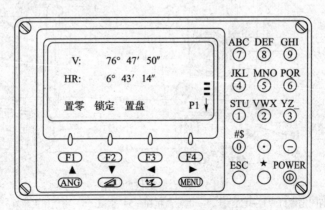

图 5—16　NTS – 355 全站仪操作面板

表 5—1   NTS－355 全站仪操作面板各键的功能

键	键名	功能
ANG	角度测量键	进入角度测量模式
◢	距离测量键	进入距离测量模式
∠	坐标测量键	进入坐标测量模式
MENU	菜单键	进入菜单模式
★	星键	进入星键模式
F4 + POWER 开机		进入设置模式 2
ESC	退出键	返回上一级菜单
POWER	电源开关键	打开或关闭电源
F1 ~ F4	软键	对应于屏幕下部显示字符定义的功能
0 ~ 9	数字键	输入数字或其上面注记的字母、小数点、负号

（1）角度测量模式

NTS－355 全站仪的出厂设置是仪器开机即自动进入角度测量模式，当仪器在其他模式状态时，按 ANG 键进入角度测量模式。角度测量模式下共有 P1、P2、P3 三页菜单，如图 5—17 所示。

1）P1 页菜单。P1 页菜单有"置零""锁定""置盘"三个选项。

①"置零"选项。将当前视线方向的水平度盘读数设置为 0。

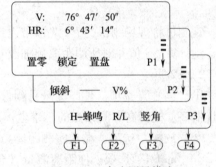

图 5—17 角度测量模式

②"锁定"选项。将当前水平度盘读数锁定，该选项用于将某个照准方向的水平度盘读数配置为指定的角度值。

③"置盘"选项。将当前视线方向的水平度盘读数设置为输入值。

2）P2 页菜单

①"倾斜"选项。当仪器竖轴发生微小的倾斜时，打开倾斜补偿器可以自动改正垂直角。一般将望远镜视准轴的水平投影方向定义为 x 轴，仪器横轴方向定义为 y 轴，NTS－355 全站仪内的倾斜补偿器只能测量出仪器竖轴在 x 轴方向的倾斜角度，因此，只能计算并显示垂直角观测的改正值并自动对垂直角观测值进行改正。

②"V%"选项。使竖盘读数在以角度制显示或以斜率百分比（也称坡度）显示间切换。

3）P3 页菜单

①"H－蜂鸣"选项。开关蜂鸣声。当水平度盘读数分别为 0°、90°、180°、270°时发出蜂鸣声。

②"R/L"选项。使水平盘读数在右旋和左旋水平角之间切换。右旋等价于水平度盘为顺时针注记，左旋等价于水平度盘为逆时针注记。

③"竖角"选项。天顶距 V/竖直角 CMPS 的切换，使竖盘读数在天顶距（竖盘 0°位于

天顶方向）。

（2）距离测量模式

仪器照准棱镜时，按 进入距离测量模式的同时自动开始测距。当仪器正在测距时，在字符"HD"的右边将显示字符"＊"。距离测量模式下共有 P1、P2 两页菜单，如图 5—18 所示。

1）P1 页菜单

①"测量"选项。执行 N 次测量或重复测量功能。N 的值及具体执行哪一种测量功能由仪器的"设置模式 2"确定。如果设置 $N=1$，N 次测量即为单次测量。

②"模式"选项。距离测量有"精测"和"跟踪"两种模式。"精测"模式测量，距离显示到毫米位；"跟踪"模式连续测量，距离显示到厘米位。

③"S/A"选项。设置棱镜常数和气象改正比例系数。一般 NTS-355 全站仪的棱镜常数出厂设置为 -30 mm，若使用其他厂家的棱镜，可以通过检测求出棱镜常数。

NTS-355 全站仪的气象改正比例系数计算公式为：

$$\Delta S = 273.8 - \frac{0.29P}{1+0.003\,66T}$$

观测员将现场测得的 P、T 值带入计算出 ΔS，也可以直接输入温度 T，大气压 P，由仪器自动计算 ΔS 值并对所测距离施加改正。

2）P2 页菜单

①"偏心"选项。偏心测量是测量不便于安置棱镜的碎部点的三维坐标，它需要先输入仪器高、棱镜高、测站点的三维坐标及后视坐标方位角才能进行。

②"放样"选项。显示实测距离与输入放样距离之差。

③"m/f/i"选项。使距离测量（包括平中距、高差、斜距）单位在米、英尺和英尺、英寸之间切换。

（3）坐标测量模式

当仪器照准棱镜时，按 键进入坐标测量模式同时自动开始坐标测量。

坐标测量模式下共有 P1、P2、P3 三页菜单，如图 5—19 所示。

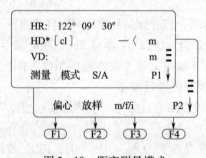

图 5—18　距离测量模式

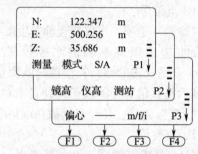

图 5—19　坐标测量模式

1）P1 页菜单。P1 页菜单有"测量""模式""S/A"三个选项，其功能与距离测量模式下的 P1 页菜单完全一致。

2）P2 页菜单

①"镜高"选项。输入棱镜的高度。

②"仪高"选项。输入测站的仪器高。

③"测站"选项。输入测站点的 E，N，Z（对应测量中的 y，x，H）三维坐标。

3）P3 页菜单。P3 页菜单有"偏心"和"m/f/i"两个选项，它与距离测量模式下 P2 菜单的同名选项功能完全相同。

4．反射棱镜

如图 5—20 所示，反射棱镜有基座上安置的棱镜与对中杆上安置的棱镜两种。分别用于精度要求较高的测点上或精度要求一般的测点上，反射棱镜均可水平转动与俯仰转动，以使镜面对准全站仪的视线方向。

图 5—20　反射棱镜

5．电源

电源分为机载电池与外接电池两种，现在一般标准配置为两块机载锂电池，已经足够完成正常的野外工作。

三、全站仪的操作方法

全站仪是功能综合、构造精密的自动化仪器。在使用前必须仔细阅读仪器说明书，了解仪器的性能与特点。仪器要专人使用，按期检定，定期检查主机与附件是否运转正常、齐全。在现场观测中，仪器与反射棱镜必须由专人看守，以防摔、砸。由于各个厂家不同型号全站仪的具体操作步骤均有自己的特点，归纳起来，在测站上的一般操作步骤如下：

1．安置仪器

对中、整平后，量出仪器的视线高 H_i。

2．开机自检

打开电源，仪器自动进入自检后，即可显示水平度盘读数。纵转望远镜进行初始化后，可显示竖直度盘读数。

3. 输入参数

主要是输入棱镜常数、气温、气压及湿度等气象参数。

4. 选定模式

主要是选定测距单位、测角单位和测距模式，测距单位可选择距离单位是米或英尺，测角单位可选择360°或400°，测距模式可选择精测、粗测和跟踪测三种。

（1）角度测量

1）功能。可进行水平角、竖直角的测量。

2）方法。与经纬仪相同，若要测出水平角$\angle AOB$，则：

①当精度要求不高时：瞄准A点—置零（0 SET）—瞄准B点，记下水平度盘 HR 的大小。

②当精度要求高时：可用测回法。操作步骤同用经纬仪操作一样，只是配置度盘时，按"置盘"（HSET）。

（2）距离测量

PSM、PPM 的设置——测距、测坐标、放样前。

1）棱镜常数（PSM）的设置。一般：PRISM = 0（原配棱镜）或 – 30 mm（国产棱镜）。

2）大气改正数（PPM）（乘常数）的设置。输入测量时的气温（TEMP）、气压（PRESS），或经计算后，输入 PPM 的值。

3）功能。可测量平距 HD、高差 VD 和斜距 SD（全站仪镜点至棱镜镜点间高差及斜距）。

4）方法。照准棱镜点，按"测量"（MEAS）。

（3）坐标测量

1）功能。可测量目标点的三维坐标（x，y，H）。

2）测量原理。如图 5—21 所示，若输入方位角 α_{sb}，测站坐标（x_s，y_s）；测得水平角 β 和平距 D_{st}。则有：

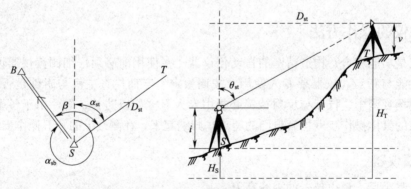

图 5—21 坐标测量原理

方位角：
$$\alpha_{st} = \alpha_{sb} + \beta$$

坐标：
$$x_t = x_s + D_{st} \cos\alpha_{st} \qquad y_t = y_s + D_{st} \cdot \sin\alpha_{st}$$

输入测站 S 高程 H_s，测得仪器高 i，棱镜高 v，平距 D_{st}，竖直角 θ_{st}，则有：

高程：
$$H_t = H_s + i + D_{st} \cdot \tan\theta_{st} - v$$

3）方法。输入测站 S (x, y, H)，仪器高 i，棱镜高 v——瞄准后视点 B，将水平度盘读数设置为 α_{sb}——瞄准目标棱镜点 T，按"测量"键，即可显示点 T 的三维坐标。坐标测量示例如图 5—22 所示。

① 按 ANG 键，进入测角模式，瞄准后视点 A。

② 按 HSET 键，输入测站 O 至后视点 A 的坐标方位角 α_{OA}。如输入 65.4839，即输入了 $65°48'39''$。

③ 按 ⚡ 键，进入坐标测量模式。按 P↓，进入第 2 页。

④ 按 OCC 键，分别在"N""E""Z"输入测站坐标 (x_0, y_0, H_0)。

⑤ 按 P↓ 键，进入第 2 页，在 INS. HT 栏，输入仪器高。

⑥ 按 P↓ 键，进入第 2 页，在 R. HT 栏，输入 B 点处的棱镜高。

⑦ 瞄准待测量点 B，按 MEAS，得 B 点的 (x_B, y_B, H_B)。

5．点位放样

（1）功能

根据设计的待放样点 P 的坐标，在实地标出 P 点的平面位置及填挖高度。

（2）放样原理

1）在大致位置立棱镜，测出当前位置的坐标。

2）将当前坐标与待放样点的坐标相比，得距离差值 d_D 和角度差 d_{HR} 或纵向差值 Δx 和横向差值 Δy。

3）根据显示的 d_D、d_{HR} 或 Δx、Δy，逐渐找到放样点的位置。

（3）点的坐标放样示例（见图 5—23）

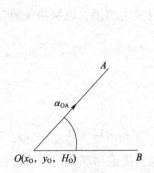
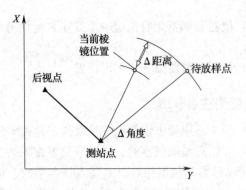

图 5—22　坐标测量示意图　　　　图 5—23　点的坐标放样实例

1）按 MENU，进入主菜单测量模式。

2）按 LAYOUT，进入放样程序，再按 SKP，略过使用文件。

3）按 OOC. PT（F1），再按 NEZ，输入测站 O 点的坐标 (x_0, y_0, z_0) 并在 INS. HT 一栏输入仪器高。

4）按 BACKSIGHT（F2），再按 NE/AZ，输入后视点 A 的坐标（x_A，y_A）；若不知 A 点坐标而已知坐标方位角 α_{OA}，则可再按 AZ，在 HR 项输入 α_{OA} 的值。瞄准 A 点，按 YES。

5）按 LAYOUT（F3），再按 NEZ，输入待放样点 B 的坐标（x_B，y_B，H_B）及测杆单棱镜的镜高后，按 ANGLE（F1）。使用水平制动和水平微动螺旋，使显示的 $d_{HR} = 0°00'00''$，即找到了 OB 方向，指挥持测杆单棱镜者移动位置，使棱镜位于 OB 方向上。

6）按 DIST，进行测量，根据显示的 d_{HD} 来指挥持棱镜者沿 OB 方向移动，若 d_{HD} 为正，则向 O 点方向移动；反之，若 d_{HD} 为负，则向远处移动，直至 $d_{HD} = 0$ 时，立棱镜点即为 B 点的平面位置。

7）其所显示的 d_Z 值即为立棱镜点处的填挖高度，正为挖，负为填。

8）按 NEXT，反复 5）、6）两步，放样下一个点 C。

6. 程序测量

（1）数据采集。

（2）坐标放样。

（3）对边测量、悬高测量、面积测量、后方交会等。

（4）数据存储管理，包括数据的传输、数据文件的操作（改名、删除、查阅）。

四、全站仪使用注意事项与维护

1. 全站仪保管的注意事项

（1）仪器的保管由专人负责，每天使用完毕带回办公室，不得放在现场工具箱内。

（2）仪器箱内应保持干燥，要防潮防水并及时更换干燥剂。仪器须放置在专门架上或固定位置。

（3）仪器长期不用时，应一个月左右定期通风防霉并通电驱潮，以保持仪器良好的工作状态。

（4）仪器放置要整齐，不得倒置。

2. 使用注意事项

（1）开工前应检查仪器箱背带及提手是否牢固。

（2）开箱后提取仪器前，要看准仪器在箱内放置的方式和位置，装卸仪器时，必须握住提手，将仪器从仪器箱取出或装入仪器箱时，请握住仪器提手和底座，不可握住显示单元的下部。切不可拿仪器的镜筒，否则会影响内部固定部件，从而降低仪器的精度。应握住仪器的基座部分，或双手握住望远镜支架的下部。仪器用毕，先盖上物镜罩，再擦去表面的灰尘。装箱时各部位要放置妥帖，合上箱盖时应无障碍。

（3）在太阳光照射下观测仪器，应给仪器打伞，并带上遮阳罩，以免影响观测精度。在杂乱环境下测量，仪器要由专人守护。当仪器架设在光滑的表面时，要用细绳（或细镀锌铁线）将三脚架三个脚连起来，以防滑倒。

（4）当在三脚架上架设仪器时，尽可能用木制三脚架，因为使用金属三脚架可能会产生振动，从而影响测量精度。

（5）当测站之间距离较远，搬站时应将仪器卸下，装箱后背着走。行走前要检查仪器箱是否锁好，检查安全带是否系好。当测站之间距离较近，搬站时可将仪器连同三脚架一起靠在肩上，但仪器要尽量保持直立放置。

（6）搬站之前，应检查仪器与脚架的连接是否牢固，搬运时，应把制动螺旋略微关住，使仪器在搬站过程中不致晃动。

（7）仪器任何部分发生故障，不勉强使用，应立即检修，否则会加剧仪器的损坏程度。

（8）元件应保持清洁，如有灰尘必须用毛刷或柔软的擦镜纸擦掉。禁止用手指抚摸仪器的任何光学元件表面。清洁仪器透镜表面时，请先用干净的毛刷扫去灰尘，再用干净的无线棉布蘸酒精由透镜中心向外一圈圈轻轻擦拭。除去仪器箱上的灰尘时切不可用任何稀释剂或汽油，而应用干净的布块蘸中性洗涤剂擦洗。

（9）在潮湿环境中工作时，作业结束，要用软布擦干仪器表面的水分及灰尘后装箱。回到办公室后立即开箱取出仪器放于干燥处，彻底晾干后再装入箱内。

（10）冬天室内、外温差较大时，仪器搬出室外或搬入室内，应隔一段时间后再开箱。

3. 电池的使用

全站仪的电池是全站仪最重要的部件之一，现代全站仪所配备的电池一般为 Ni - MH（镍氢电池）和 Ni - Cd（镍镉电池），电池的好坏、电量的多少决定了外业时间的长短。

（1）建议在电源打开期间不要将电池取出，否则存储数据可能会丢失，因此，应在电源关闭后再装入或取出电池。

（2）可充电电池可以反复充电使用，但是如果在电池还存有剩余电量的状态下充电，则会缩短电池的工作时间，此时，电池的电压可通过刷新予以复原，从而改善作业时间，充足电的电池放电时间约需 8 h。

（3）不要连续进行充电或放电，否则会损坏电池和充电器，如有必要进行充电或放电，则应在停止充电约 30 min 后再使用充电器。不要在电池刚充电后就进行充电或放电，这样会造成电池损坏。

（4）超过规定的充电时间会缩短电池的使用寿命，应尽量避免。电池剩余容量显示级别与当前的测量模式有关，在角度测量的模式下，电池剩余容量够用，并不能够保证电池在距离测量模式下也能用，因为距离测量模式耗电高于角度测量模式，当从角度模式转换为距离模式时，由于电池容量不足，有时会中止测距。

总之，只有在日常的工作中，注意全站仪的使用和维护，注意全站仪电池的充放电，才能延长全站仪的使用寿命，使全站仪的功效发挥到最大。

第四节　全球卫星定位系统

GPS 是全球定位系统 Global Positioning System 的缩写。主要由空间星座部分（GPS 卫星星座）、地面监控部分和用户设备三部分组成。

一、空间星座部分

1. GPS 卫星星座

如图 5—24 所示，GPS 卫星星座是在地球上空布设的 24 颗 GPS 专用卫星，其中 21 颗为工作卫星，3 颗为备用卫星。工作卫星分布在 6 个近圆形的轨道面内，每个轨道上有 4 颗卫星。卫星轨道面相对地面倾角为 55°。轨道平均高度为 20 200 km。卫星运行周期为 11 h 58 min。卫星同时在地平线以上至少有 4 颗，最多时可达 11 颗。这样的布设方案将保证在世界任何地点、任何时间，都可以进行实时三维定位。

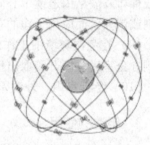

图 5—24　GPS 卫星星座

2. GPS 卫星的主要功能

（1）用 L 波段的两个无线载波（19 cm 和 24 cm 波）向广大用户连续不断地发送导航定位信号。包括提供精密时间标准、粗略导航定位伪距 C/A 码、精密测距 P 码和反映卫星当前空间位置和卫星工作状态的导航电文。

（2）在卫星飞越注入站上空时，接收由地面注入站用 S 波段（10 cm 波段）发送到卫星的导航电文和其他有关信息，并适时发送给广大用户。

（3）接收地面主控站通过注入站发送到卫星的调度命令，适时地调整卫星的姿态，改正卫星运行轨道偏差，启用备用卫星。

二、卫星监控部分

卫星监控部分是由分布在世界各地的五个地面站组成，按功能分为主控站、监测站和注入站。

1. 主控站

主控站有一个，是设在美国本土的科罗拉多空间中心。它除了协调管理地面监控系统外，还负责将监测站的观测资料联合处理推算卫星星历、卫星钟差和大气修正参数，并将这些数据编制成导航电文送到注入站。此外，它还可以调整偏离轨道的卫星，使之沿预定轨道运行或启用备用卫星。

2. 监测站

现有 5 个地面站均具有监测站的功能，除了主控站外，其他四个分别位于夏威夷（Hawaii）、阿松森岛（Ascencion）、迭戈加西亚（Diego Garcia）、卡瓦加兰（Kwajalein），主要任务是完成对 GPS 卫星信号的连续观测，并将收集的数据和当地气象观测资料经处理后送到主控站。

3. 注入站

注入站的作用是将主控站编制的导航电文，通过直径为 3.6 m 的天线注入给相应的卫星。注入站现有三个，分别设在印度洋的迭戈加西亚（Diego Garcia）、南大西洋的阿松森岛（Ascencion）和南太平洋的卡瓦加兰（Kwajalein）。注入站的主要设备包括一台直径为 3.6 m 的天线，一台 C 波段发射机和一台计算机。

三、用户设备部分

GPS 的用户部分由 GPS 接收机、数据处理软件及相应的用户设备如计算机及其终端设备、气象仪器等组成。而 GPS 接收机硬件，一般包括主机、天线、控制器和电源，主要功能是接收 GPS 卫星发射的信号，能够捕获到按一定卫星高度截止角所选择的待测卫星的信号，并跟踪这些卫星的运行，获得必要的导航和定位信息及观测量；对所接收到的 GPS 信号进行变换、放大和处理，以便测量出 GPS 信号从卫星到接收机天线的传播时间，解译出 GPS 卫星所发送的导航电文，实时地计算出测站的三维位置，甚至三维速度和时间，经简单数据处理而实现实时导航和定位。GPS 软件部分是指各种后处理软件包，其主要作用是对观测数据进行精加工，以便获得精密定位结果。以上这三个部分共同组成了一个完整的 GPS 系统。

四、GPS 定位原理及定位的方法分类

1. GPS 定位原理

测量学中的交会法测量里有一种测距交会确定点位的方法。与其相似，GPS 的定位原理就是利用空间分布的卫星及卫星与地面点的距离交会得出地面点位置。简而言之，GPS 定位原理是一种空间的距离交会原理。

2. GPS 定位方法分类

（1）按照参考点的位置分类

按照参考点的位置，定位方法可分为绝对定位和相对定位。

1）绝对定位。绝对定位即在协议地球坐标系中，利用一台接收机来测定该点相对于协议地球质心的位置，也称单点定位。这里可认为参考点与协议地球质心重合。GPS 定位所采用

的协议地球坐标系为 WGS-84 坐标系。因此绝对定位的坐标最初成果为 WGS-84 坐标。

2）相对定位。相对定位即在协议地球坐标系中，利用两台以上的接收机测定观测点至某一地面参考点（已知点）之间的相对位置。也就是测定地面参考点到未知点的坐标增量。由于星历误差和大气折射误差有相关性，所以通过观测量求差可消除这些误差，因此相对定位的精度远高于绝对定位的精度。

（2）按用户接收机在作业中的运动状态分类

按用户接收机在作业中的运动状态不同，定位方法可分为静态定位和动态定位。

1）静态定位。静态定位即在定位过程中，将接收机安置在测站点上并固定不动。严格说来，这种静止状态只是相对的，通常指接收机相对于其周围点位没有发生变化。

2）动态定位。动态定位即在定位过程中，接收机处于运动状态。

GPS 绝对定位和相对定位中，又都包含静态和动态两种方式，即动态绝对定位、静态绝对定位、动态相对定位和静态相对定位。

（3）按测距原理分类

依照测距的原理，定位方法可分为测码伪距法定位、测相伪距法定位、差分定位等。

五、GPS 接收机组成及工作原理

GPS 接收机主要是由 GPS 接收机天线单元、GPS 接收机主机单元和电源单元三部分组成。GPS 接收机作为用户测量系统，按其构成部分的性质和功能，可分为硬件部分和软件部分。

1. 硬件部分

接收机主机由变频器、信号通道、微处理器、存储器及显示器组成，基本结构如图 5—25 所示。

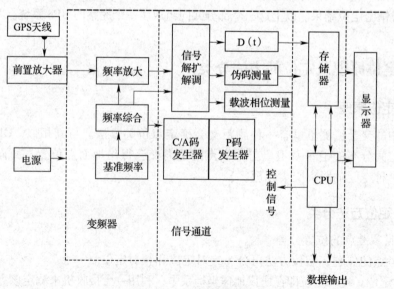

图 5—25　GPS 接收机原理

（1）变频器及中频放大器

经过 GPS 前置放大器的信号仍然很微弱，为了使接收机通道得到稳定的高增益，并且使 L 频段的射频信号变成低频信号，必须采用变频器。

（2）信号通道

信号通道是 GPS 接收机的核心部分，GPS 信号通道是硬软件结合的电路，不同类型的接收机其通道是不同的。GPS 信号通道的作用有三个：一是搜索卫星，牵引并跟踪卫星；二是对广播电文数据信号实行解扩，解调出广播电文；三是进行伪距测量、载波相位测量及多普勒频移测量。相关信号通道的电路原理如图 5—26 所示。

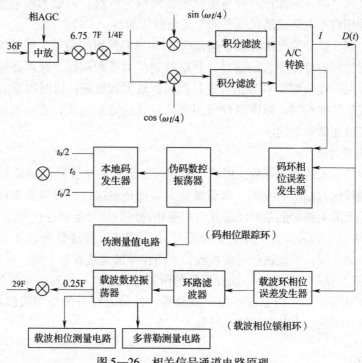

图 5—26　相关信号通道电路原理

从卫星接收到的信号是扩频的调制信号，所以要经过解扩、解调才能得到导航电文，因此在相关通道电路中设有伪码相位跟踪环和载波相位跟踪环。

（3）存储器

接收机内设有存储器或存储卡以存储卫星星历、卫星历书、接收机采集到的码相位伪距观测值、载波相位观测值及多普勒频移，目前 GPS 接收机都装有半导体存储器（简称内存），接收机内存数据可以通过数据口传到微型计算机上，以便进行数据处理和数据保存。

（4）微处理器

微处理器是 GPS 接收机工作的灵魂，GPS 接收机工作都是在微处理器指令统一协同下进行的，其主要工作步骤如下：

1）接收机开机后，立即指令各个通道进行自检，适时地在视屏显示窗内展示各自的自检结果，并测定、校正和存储各个通道的时延值。

2）接收机对卫星进行捕捉跟踪后，根据跟踪环路所输出的数据码，解译出 GPS 卫星星历。当同时锁定 4 颗卫星时，将 C/A 码伪距观测值连同星历一起计算出测站的三维位置，并按照预置的位置数据更新率，不断更新（计算）点的坐标。

3）用已测得的点位坐标和 GPS 卫星历书，计算所有在轨卫星的升降时间、方位和高度角，并为作业人员提供在视卫星数量及其工作状况，以便选用"健康"且分布适宜的定位卫星，达到提高点位精度的目的。

4）接收用户输入的信号，如测站名、测站号、天线高和气象参数等。

（5）电源

GPS 接收机的电源有两种：一种是随机配备的内置电池，一般为锂电池；另一种是外接电源，一般采用汽车电瓶或随机配备的专用电源适配器。

综上所述，GPS 信号接收机的任务是接收 GPS 卫星发射的信号，能够捕获到按一定卫星高度截止角所选择的待测卫星的信号，并跟踪这些卫星的运行，获得必要的导航和定位信息及观测量；对所接收到的 GPS 信号进行变换、放大和处理，以便测量出 GPS 信号从卫星到接收机天线的传播时间，解译出 GPS 卫星所发送的导航电文，实时地计算出测站的三维位置，甚至三维速度和时间。

（6）接收机的天线

接收机的天线由天线和前置放大器两部分组成，天线的主要功能是将 GPS 卫星信号极微弱的电磁波能转化为相应的电流，而前置放大器则是对这种信号电流进行放大和变频处理。而接收机单元的主要功能是对经过放大和变频处理的信号电源进行跟踪、处理和测量。

1）螺旋形天线。这种天线频带宽，全圆极化性能好，可接收来自任何方向的卫星信号。但也属于单频天线，不能进行双频接收，常用作导航型接收机天线。

2）微带天线。微带天线是在一块介质板的两面贴以金属片，其结构简单且坚固，质量轻，高度低。既可用于单频机，也可用于双频机，目前大部分测量型天线都是微带天线。这种天线更适用于飞机、火箭等高速飞行物上。

2. 软件部分

软件部分是构成 GPS 测量系统的重要组成部分之一。一个功能齐全、品质良好的软件，不仅能方便用户使用，满足用户的各方面要求，而且对于改善定位精度，提高作业效率和开拓新的应用领域都具有重要意义。所以，软件的质量与功能已成为反映现代 GPS 测量系统先进水平的一个重要标志。

软件包括内软件和外软件。内软件是指装在存储器内的自测试软件、卫星预报软件、导航电文解码软件、GPS 单点定位软件或固化在中央处理器中的自动操作程序等。这类软件已和接收机融为一体。而外软件主要是指 GPS 观测数据后处理软件包。

六、GPS 测量的实施

GPS 测量实施过程与常规的测量一样，包括方案的设计、外业测量和内业数据处理三部分。

1. GPS 控制网设计

GPS 控制网的技术是进行 GPS 测量的基础。它应根据用户提交的任务书或测量合同所规定的测量任务进行设计。其内容包括测区范围、测量精度、提交成果的方式、完成时间等。设计的技术依据是国家测绘局颁发的《全球定位系统（GPS）测量规范》（GB/T 18314—2009）。国家基本 GPS 控制网精度指标见表5—2。城市及工程 GPS 控制网精度指标见表5—3。其主要内容如下：

（1）GPS 测量的精度指标

精度指标通常以网中相邻点之间的距离误差 m_D 来表示，其形式为：

$$m_D = a + b \times 10^{-6}D$$

式中　D——相邻点间的距离，km；

a——常量误差（或称固定误差）；

b——比例误差。

表 5—2　　　　　　　　　　国家基本 GPS 控制网精度指标

等级	主要用途	常量误差 a（mm）	比例误差 b（$10^{-6}D$）
A	地壳形变测量及国家高精度 GPS 网	≤5	≤0.1
B	国家基本控制测量	≤8	≤1

表 5—3　　　　　　　　　　城市及工程 GPS 控制网精度指标

等级	平均距离（km）	a（m）	b（$\times 10^{-6}$）	最弱边相对中误差
二等	9	≤10	≤2	$\dfrac{1}{120\,000}$
三等	5	≤10	≤5	$\dfrac{1}{80\,000}$
四等	2	≤10	≤10	$\dfrac{1}{45\,000}$
一级	1	≤10	≤10	$\dfrac{1}{20\,000}$
二级	<1	≤15	≤20	$\dfrac{1}{10\,000}$

具体工作中精度标准的确定要根据工作实际需要，以及具备的仪器设备条件，恰当地确定 GPS 网的精度等级。布网可以分级布设，也可越级布设，或布设同级全面网。

（2）GPS 网设计的一般原则

1）应通过独立观测边构成闭合图形，以增加检核条件，提高网的可靠性。

2）应尽量与原有地面控制网相重合，重合点一般不少于3个，且分布均匀。

3）应考虑与水准点相重合，或在网中布设一定密度的水准联测点。

4）点应设在视野开阔和容易到达的地方，便于联测方向。

5）可在网点附近布设一通视良好的方位点，以建立联测方向。

（3）选点

选点时应满足以下要求：点位应选在交通方便，易于安置接收设备的地方，且视野开阔，以便于同常规测量控制网的联测；在15°截止高度角以上应不存在障碍物；GPS点应避开对电磁波接收有强烈吸收、反射等干扰影响的金属和其他障碍物体，如高压线、电台、电视台、高层建筑、大范围水面等。

2. 外业测量

其工作内容包括天线安置、接收机操作和观测记录。

（1）天线安置。天线的安置是 GPS 精密测量的重要保证。要仔细对中、整平、量取仪器高。仪器高要用钢卷尺在互为120°的方向量三次，互差小于3 mm。取平均值后输入GPS接收机。

（2）安置 GPS 接收机。GPS 接收机应安置在距天线不远的安全处，连接天线及电源电缆，并确保无误。

（3）按规定时间打开 GPS 接收机，输入测站名、卫星截止高度角、卫星信号采样间隔等。详细可见仪器操作手册。

（4）一个时段的测量结束后要查看仪器高和测站名是否输入，确保无误后再关机、关电源、迁站。

3. 内业数据处理

观测成果的外业检核是确保外业观测质量和实现定位精度的重要环节，所以外业观测数据在测区时就要及时进行严格检查，对外业预处理成果按规范要求进行检查、分析，根据情况进行必要的重测和补测，确保外业成果无误方可离开测区。

（1）基线的解算

对两台及两台以上的接收机同步观测值进行独立基线向量（坐标差）的平差计算，称为基线解算，也称观测数据预处理。其主要过程如图5—27 所示。

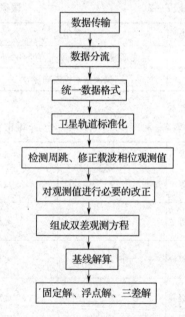

图 5—27　GPS 相对定位数据处理流程

（2）观测成果检验

1）每个时段同步环检验。同一时段多台仪器组成的闭合环，坐标增量闭合差应为零。由于仪器开机时间不完全一致，会有误差。在检核中应检查一切可能的环闭合差。

2）同步边检查。一条基线在不同时段观测多次，有多个独立基线值，这些边称为重复边。任意两个时段所得基线差就小于相应等级规定的精度的 $2\sqrt{2}$ 倍。

3）异步环检验。在构成多边形环路的基线向量中，只要有非同步观测基线，则该多边形环路称为异步环。异步环检验应选择一组完全独立的基线构成环进行检验。

（3）GPS 网平差

在各项检查通过之后，得到各独立基线向量和相应的协方差阵，在此基础上便可以进行平差计算。

知识拓展

RS、GIS 和 GPS 与数字地球之间的关系

作为地球信息科学的技术支撑，遥感技术（RS）、全球定位系统（GPS）、地理信息系统（GIS）及信息网络与虚拟技术既互为独立发展又相互促进。遥感作为一门主要的信息获取技术，为地理信息系统提供了数据的来源，加快了地理信息数据库系统的更新，保证了地理信息系统的时效性；全球定位系统为遥感数据、地面定位、目标选择、野外验证、图像分类等提供了必要的数据信息，为更好地利用遥感技术解决实际问题提供了支持；信息网络和虚拟技术为地理信息系统空间数据分析提供了一种全新的方法；遥感技术、全球定位系统和地理信息系统又为虚拟地学场景提供了必要的支持，如所需的地形高程模型、三维数据等。

简单地说，遥感技术主要用于地理信息数据的获取，全球定位系统主要用于地理信息的空间定位，地理信息系统主要用于对地理信息数据进行管理、查询、更新、空间分析和应用评价，而信息网络与虚拟技术主要用于地理信息传播、表达和模拟分析。从主要作用分工看，它们对于构成地理信息技术缺一不可。

思考练习题

1. 简述激光经纬仪的特点。
2. 电子水准仪与光学水准仪相比有什么不同特点？
3. 全站仪有哪些主要功能？
4. 简述全站仪的基本操作方法。
5. GPS 全球定位系统包括哪几部分？

技能训练9　全站仪的认识与使用

一、目的与要求

1. 了解全站仪的基本结构与性能、各操作部件、螺旋的名称和作用。
2. 熟悉面板的主要操作功能。
3. 掌握全站仪的基本操作方法，练习使用全站仪进行角度测量、距离测量、坐标测量等基本工作。

二、仪器与工具

全站仪2套，反光镜4套，记录板2块。

三、训练方法与步骤

1. 认识全站仪的构造、部件名称和作用

主机包括电池、物镜、目镜及物镜目镜的调焦螺旋、瞄准器、水平制动/微动螺旋、竖直制动/微动螺旋、水准管、圆水准器、脚螺旋、固定螺旋、显示屏、键盘、光学对中器等。辅助构件包括棱镜、对中杆、三脚架、棱镜基座等。

对照图5—28，写出全站仪各部件的名称。

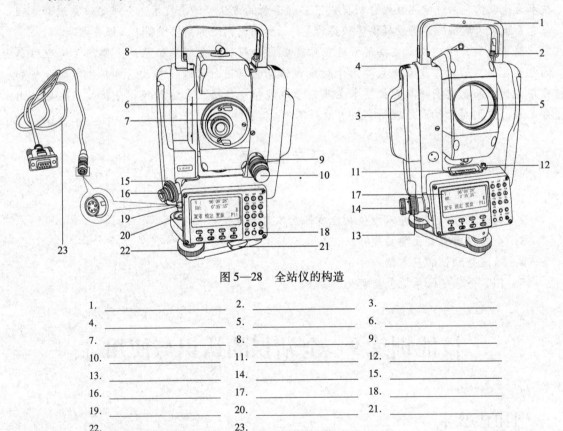

图5—28　全站仪的构造

1. _____	2. _____	3. _____
4. _____	5. _____	6. _____
7. _____	8. _____	9. _____
10. _____	11. _____	12. _____
13. _____	14. _____	15. _____
16. _____	17. _____	18. _____
19. _____	20. _____	21. _____
22. _____	23. _____	

2. 认识全站仪的显示屏

图5—29所示为NTS-355各模式下显示屏。

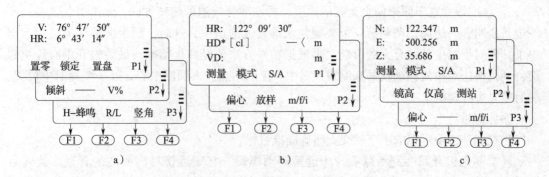

图5—29 各种模式的显示屏
a）角度测量模式面板 b）距离测量模式面板 c）坐标测量模式面板

填写下面的空格：

（1）全站仪软键（F1、F2、F3）功能通过屏幕_____一行相应位置显示字符提示。不同屏幕，软键的功能是不同的。

（2）全站仪具有_____、_____和_____三种测量模式。

（3）在全站仪测距时，能自动进行气象改正。测量前应正确输入当时的_____和____。

3．全站仪的基本使用

（1）安置仪器

松开三脚架的蝶形螺旋，按需要调节三条腿的长度后，旋紧螺旋。安置脚架时，应放在测站上，目测中心应大致对准测站点，使架头大致水平，对水泥地面，如特别滑要采用防滑措施；对倾斜地面，应将三脚架的一只脚安放在高处，另两只脚安置在低处。

打开仪器箱，记住仪器摆放位置，以便仪器装箱时按原位摆放。双手将仪器从仪器箱中平稳地拿出放在脚架架头，接着一只手握住仪器，另一手将中心螺旋旋入仪器基座内旋紧。

（2）光学对中

安好仪器后，先转动对中器目镜上的调光环，使光路清晰，看清测站点，看清分划板上的圆圈。然后将一个架腿插入地面固定，用两只手把住另外两个架腿，慢慢地移动两个架腿的位置，此时目视对中目镜，直至在目镜中看到地面上测站点约在中心圆圈中时，便停止转动架腿，并将其踩实。在转动架腿时注意不可使架头倾斜度过大，否则不能整平。可用画弧方式调整。

（3）整平

全站仪的基座上有圆水准器，照准部有水准管，所以全站仪的整平也分粗平和精平。粗平、精平的方法与经纬仪粗平、精平方法相同。可以利用光学对中和整平同时进行，方法如下：

在使地面测站点在目镜的中心圆圈内且架头大致水平的基础上，转动照准部使水准管平行于任意两个架腿的连线，看水准管气泡的偏离方向，水准管气泡偏向哪一边，说明哪一边高，打开哪一边的蝶形螺旋，慢慢地降低架腿，使水准管气泡居中。再将照准部旋转

90°，使水准管垂直于原来两个架腿的连线，看水准管气泡的偏离方向，水准管气泡偏向哪一边，说明哪一边高，调整第三个架腿使水准管气泡居中，这时，圆水准的气泡已大致居中了，而对于对中却没有大的影响。再根据精平方法使经纬仪精平，最后松开中心连接螺旋，利用快速对中板移动仪器基座快速对中，使测站点进入圆圈中心，处于精确对中位置，然后拧紧中心螺旋。

（4）瞄准

瞄准就是使望远镜的十字丝交点精确瞄准目标。

瞄准前先松开照准制动螺旋与望远镜制动螺旋，将望远镜对向明亮的背景，旋转目镜对光螺旋，使十字丝成像清晰。然后利用望远镜的粗瞄器瞄准目标，在望远镜视场内看到目标后，旋紧照准部制动螺旋与望远镜制动螺旋。旋转物镜对光螺旋使目标成像清晰，此时注意消除视差。旋转望远镜与照准部的微动螺旋，用十字丝精确瞄准目标即棱镜的中心。

（5）开机

打开电源，纵向转动望远镜，实习★键的使用，调节最佳读数和测量背景。

4. 全站仪的测量方法

（1）角度测量

测量 V（竖直角）、HR（水平右角）或 HL（水平左角）。注意"锁定""置盘""置零"的应用和"R/L""V/%"的转换及"倾斜"的设置。

（2）距离测量

测量斜距、SD（斜距）。

测量 VD（高差）、HD（平距）。

注意"信号""放样""均值"的使用和"模式""m/f/i"的转换。VD（高差）由于没输入仪器高、棱镜高，其值并非高差的值。

（3）坐标测量

测量坐标。

（4）其他测量方法和数据的管理与输入输出见说明书。

（5）练习并掌握全站仪的安置与观测方法

在一个测站上安置全站仪，选择两个目标点安置反光镜，练习水平角、竖直角、距离及三维坐标的测量，观测数据记入实验报告相应表中。

1）水平角测量。在角度测量模式下，每人用测回法测两镜站间水平角 1 个测回，同组各人所测角值之差应满足相应的限差要求。

2）竖直角测量。在角度测量模式下，每人观测 1 个目标的竖直角一测回，要求各人所测同一目标的竖直角值之差应满足相应的限差要求。

3）距离测量。在距离测量模式下，分别测量测站至两镜站的斜距、平距及两镜站间距离。

4）三维坐标的测量。在坐标测量模式下，选一个后视方向，固定仪器，输入后视方位

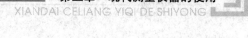

角、测站坐标、测站高程和仪器高，转动仪器，测量两镜站坐标，分别输入反光镜高及各镜站高程。

测量练习记录见表5—4、表5—5 和表5—6。

表5—4　　　　　　　　　　　　　　水平角、水平距离测量记录表

测站	盘位	目标	水平度盘读数 °　′　″	半测回角值 °　′　″	一测回平均值 °　′　″	水平距离 m

表5—5　　　　　　　　　　　　　　竖直角测量记录表

测站	目标	盘位	竖直度盘读数 °　′　″	半测回竖直角 °　′　″	一测回竖直角 °　′　″	竖盘指标差 ″

表5—6　　　　　　　　　　　　　　三维坐标测量记录表

测站 仪高	后视点号	后视方位角 °　′　″	测点号	x坐标 m	y坐标 m	镜高 m	H高程 m
			测站				

5. 注意事项

（1）全站仪是目前结构复杂、价格较贵的先进仪器之一，在使用时必须严格遵守操作规程，注意爱护仪器。

（2）在阳光下使用全站仪测量时，一定要撑伞遮阳，严禁用望远镜对准太阳。

（3）仪器、反光镜站必须有人看守。观测时应尽量避免两侧和后面反射物所产生的信号干扰。

（4）开机后先检测信号，停测时随时关机。

（5）更换电池时，应先关断电源开关。

*第六章　地形图的基本知识及应用

学习目标

认识地形图的比例尺；认识地物与地貌符号；掌握地形图应用的基本知识。

地形图是包含丰富的自然地理、人文地理和社会经济信息的载体，借助地形图，可以了解自然和人文地理、社会经济等多方面因素对工程建设的综合影响。在施工中，利用地形图可以获取施工所需的坐标、高程、方位角等数据和进行工程量的估算等工作。正确应用地形图，是土木工程技术人员必须具备的基本技能。

第一节　地形图的基本知识

地形图是地图的一种，在工程建设中有较高的实用性。

一、地形图的比例尺

地形图上一段直线的长度与地面上相应线段的实际水平长度之比，称为地形图的比例尺。

1. 数字比例尺

数字比例尺一般取分子为1，分母为整数的分数表示。设图上某一直线长度为 d，相应实地的水平长度为 D，则图的比例尺为：

$$\frac{d}{D} = \frac{1}{M}$$

式中　M——比例尺分母，分母越大（分数值越小），则比例尺就越小。

通常称 1:1 000 000、1:500 000、1:200 000 为小比例尺地形图；1:50 000、1:25 000 为中比例尺地形图；1:10 000、1:5 000、1:2 000、1:1 000 和 1:500 为大比例尺地形图。工程建筑类各专业通常使用大比例尺地形图。

2. 图示比例尺

为了用图方便，以及减小由于图样伸缩而引起的使用中的误差，在绘制地形图时，常在图上绘制图示比例尺，最常见的图示比例尺为直线比例尺。

图6—1所示为1:500的直线比例尺，取2 cm为基本单位，从直线比例尺上可直接读得基本单位的1/10，估读到1/100。

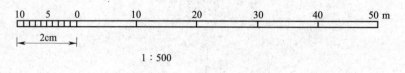

1:500

图6—1　1:500的直线比例尺

3. 比例尺精度

人们用肉眼能分辨的图上最小距离为0.1 mm，因此一般在图上量度或实地测图描绘时，就只能达到图上0.1 mm的精确性。因此把图上0.1 mm所表示的实地水平长度称为比例尺精度。可以看出，比例尺越大，其比例尺精度也越高。

不同比例尺的比例尺精度见表6—1。

表6—1　　　　　　　　　　　　　　　比例尺精度

比例尺	1:500	1:1 000	1:2 000	1:5 000	1:10 000
比例尺精度（m）	0.05	0.1	0.2	0.5	1.0

比例尺精度的概念，对测图和设计用图都有重要的意义。如在测1:500图时，实地量距只需取5 cm，因为即使量得再精细，在图上也是无法表示出来的。

比例尺越大，表示地物和地貌的情况越详细，但是一幅图所能包含的地面面积也越小，而且测绘工作量会成倍地增加。因此，采用何种比例尺测图，应从工程规划、施工实际情况需要的精度出发，不应盲目追求更大比例尺的地形图。

二、图名与图号

1. 地形图的图名

每幅地形图都应标注图名，通常以图幅内最著名的地名、厂矿企业或村庄的名称作为图名。图名一般标注在地形图北图廓外上方中央。如图6—2所示，图名为"清风店"。

2. 图号

为了区别各幅地形图所在的位置，每幅地形图上都编有图号。图号就是该图幅相应分幅方法的编号，标注在北图廓上方的中央、图名的下方，如图6—2所示。

3. 图廓

图廓是地形图的边界范围，由内图廓和外图廓组成。如图6—2所示，外图廓以粗实线描绘，内图廓以细实线描绘，内图廓既是直角坐标格网线，也是图幅的边界线。在内、外图廓之间标注坐标值，在内图廓里侧，每隔 10 cm 还绘有交叉的坐标方格网，以细实线描绘。

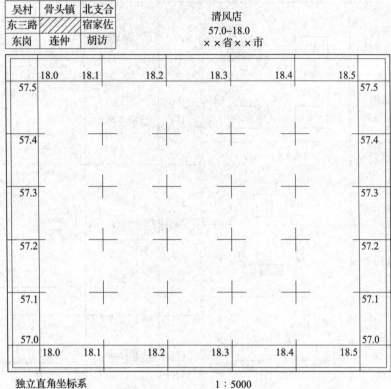

图 6—2　图名与图号

第二节　地物与地貌符号

一、地物符号

　　地形图上表示地物类别、形状、大小及位置的符号称为地物符号。表 6—2 中列举了一些地物符号，根据地物形状大小和描绘方法的不同，地物符号可分为以下几种：

1. 比例符号

　　地物的形状和大小均按测图比例尺缩小，并用规定的符号绘在图纸上，这种地物符号称为比例符号，如房屋、湖泊、农田、森林等。从 1 号到 12 号都是比例符号，见表 6—2。

表 6—2　　　　　　　　　　　　地物的符号

序号	符号名称	图例	序号	符号名称	图例
1	坚固房屋 4－房屋层数	坚4　　[1.5 斜网格矩形]	10	旱地	[1.0 10.0 10.0 虚线框内符号]
2	普通房屋 2－房屋层数	2　　[1.5 斜线矩形]	11	灌木林	[0.5 1.0 虚线框内符号]
3	窑洞 1. 住人的 2. 不住人的 3. 地面下的	1 ⋔ 2.5　2 ∩ 2.0　3 ⋔	12	菜地	[2.0 2.0 10.0 10.0 虚线框内符号]
4	台阶	0.5　0.5　0.5	13	高压线	4.0
5	花圃	[1.5 1.5 10.0 10.0 虚线框内符号]	14	低压线	4.0
6	草地	[1.5 0.8 10.0 10.0 虚线框内符号]	15	电杆	1.0
7	经济作物地	0.5 3.0　蔗　10.0 10.0	16	电线架	
8	水生经济作物地	3.0 藕 0.5	17	砖、石及混凝土围墙	10.0　0.5 10.0 0.3
9	水稻田	0.2 2.0 10.0 10.0	18	土围墙	10.0 0.5
			19	栅栏、栏杆	1.0 10.0
			20	篱笆	1.0 10.0

续表

序号	符号名称	图例	序号	符号名称	图例
21	活树篱笆	3.5　0.5 10.0 1.0　0.8	31	水塔	2.0 3.0—1.0 1.2
22	沟渠 1. 有堤岸的 2. 一般的 3. 有沟堑的	1 2　0.3 3	32	烟囱	3.5 1.0
			33	气象站（台）	3.0 4.0 1.2
23	公路	0.3　沥　砾 0.3	34	消火栓	1.5 1.5　2.0
24	简易公路	8.0　2.0	35	阀门	1.5 1.5　2.0
25	大车路	0.15　碎石 0.3	36	水龙头	3.5　2.0 1.2
26	小路	4.0　1.0 0.3	37	钻孔	30　1.0
27	三角点 凤凰山-点名 394.468 高程	凤凰山 394.468 3.0	38	路灯	1.5 1.0
28	图根点 1. 埋石的 2. 不埋石的	1　2.0　N16 84.46 2　1.5　25 62.74 2.5	39	独立树 1. 阔叶 2. 针叶	1.5 1　3.0 0.7 2　3.0 0.7
			40	岗亭、岗楼	90° 3.0 1.5
29	水准点	2.0　Ⅱ京石5 32.804	41	等高线 1. 首曲线 2. 计曲线 3. 间曲线	0.15　97　1 0.3　85　2 0.15　6.0　3 1.0
30	旗杆	1.5 4.0　1.0 1.0			

2. 非比例符号

有些地物轮廓较小，无法将其形状和大小按比例缩绘到图上，而采用相应的规定符号表示，这种符号称为非比例符号。非比例符号只能表示物体的位置和类别，不能用来确定物体的尺寸。在表6—2中，27~40号均为非比例符号。非比例符号的中心位置与地物实际中心位置随地物的不同而异，用图时注意以下几点：

（1）规则几何图形符号，如圆形、三角形或正方形等，以图形几何中心代表实地地物中心位置，如水准点、三角点、钻孔等。

（2）宽底符号，如烟囱、水塔等，以符号底部中心点作为地物的中心位置。

（3）底部为直角形的符号，如独立树、风车、路标等，以符号的直角顶点代表地物中心位置。

（4）几种几何图形组合成的符号，如气象站、消火栓等，以符号下方图形的几何中心代表地物中心位置。

（5）下方没有底线的符号，如亭、窑洞等，以符号下方两端点连线的中心点代表实地地物的中心位置。

3. 半比例符号（线性符号）

地物的长度可按比例尺缩绘，而宽度不能按规定尺寸绘出，这种符号称为半比例符号，也称线性符号。用半比例符号表示的地物都是一些线状地物，如管线、公路、铁路、围墙、电力线、通信线路等。在表6—2中，13~26号都是半比例符号。这种符号的中心线，一般表示其实地地物的中心位置。

上述三种符号在使用时不是固定不变的，同一地物，在大比例尺图上采用比例符号，而在中小比例尺上可能采用非比例符号或半比例符号。

4. 注记

对地物加以说明的文字、数字或特有符号称为地物注记。如城镇、工厂、河流、道路的名称，桥梁的尺寸及载质量，江河的流向、流速及深度，道路的去向及森林、果树的类别等，都以文字或特定符号加以说明。

二、地貌符号

地貌是指地表面的高低起伏状态，如山地、丘陵和平原等。地貌的表示方法很多，大比例尺地形图中常用等高线表示地貌。用等高线表示地貌不仅能表示出地面的高低起伏状态，且可根据它求得地面的坡度和高程等。

1. 等高线的定义

等高线是地面上相同高程的相邻各点连成的闭合曲线，也就是设想水准面与地表面相交形成的闭合曲线。

如图6—3所示，设想有一座高出水面的小山，与某一静止的水面相交形成的水涯线为一闭合曲线，曲线的形状随小山与水面相交的位置而定，曲线上各点的高程相等。例如，当水面高为50 m时，曲线上任一点的高程均为50 m；若水位继续升高至51 m和52 m，则水涯线的高程分别为51 m和52 m。将这些水涯线垂直投影到水平面 H 上，并按一定的比例尺缩绘在图纸上，这就将小山用等高线表示在地形图上了。这些等高线的形状和高程，客观地显示了小山的空间形态。

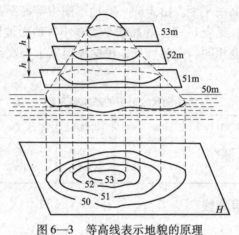

图6—3 等高线表示地貌的原理

2. 等高线的分类

地形图中的等高线主要有首曲线和计曲线，有时也用间曲线和助曲线。

（1）首曲线

首曲线也称基本等高线，是指从高程基准面起算，按规定的基本等高距描绘的等高线。

（2）计曲线

计曲线从高程基准面起算，每隔四条基本等高线有一条加粗的等高线，称为计曲线。为了读图方便，计曲线上也注出高程。

（3）间曲线和助曲线

当基本等高线不足以显示局部地貌特征时，按1/2基本等高距所加绘的等高线，称为间曲线（又称半距等高线），用长虚线表示。

按1/4基本等高距所加绘的等高线，称为助曲线，用短虚线表示。

3. 等高线的特征

（1）同一条等高线上各点的高程相等。

（2）等高线是闭合曲线，不能中断，如果不在同一幅图内闭合，则必定在相邻的其他图幅内闭合。

（3）等高线只有在绝壁或悬崖处才会重合或相交。

（4）等高线经过山脊或山谷时改变方向，因此山脊线与山谷线应和改变方向处的等高线的切线垂直相交。

（5）在同一幅地形图上，等高线间隔是相同的。因此，等高线平距大表示地面坡度小；等高线平距小则表示地面坡度大；平距相等则坡度相同。倾斜平面的等高线是一组间距相等且平行的直线。

4. 等高距与等高线平距

相邻等高线之间的高差称为等高距。在同一幅地形图上，等高距是相同的。相邻等高线之间的水平距离称为等高线平距。由于同一幅地形图中等高距是相同的，所以等高线平距大小与地面的坡度有关，见表6—3。等高线平距越小，地面坡度越大；平距越大，则坡度越小；平距相等，则坡度相同。由此可见，根据地形图上等高线的疏、密可判定地面坡度的缓、陡。

表6—3　　　　　　　　　　　大比例尺地形图的基本等高距

比例尺	平地（m）	丘陵地（m）	山地（m）	比例尺	平地（m）	丘陵地（m）	山地（m）
1:500	0.5	0.5	1	1:2 000	0.5	1	2, 2.5
1:1 000	0.5	1	1	1:5 000	1	2, 2.5	2.5, 5

5. 几种典型地貌的等高线

（1）平地

地面平坦，高差小，等高线很稀疏，甚至在很广阔的区域里只有少数几条或没有，也就是等高线平距较大。

（2）山地和洼地

山地和洼地的等高线都是一组闭合曲线。如图6—4a所示，山地内圈等高线高程大于外圈等高线的高程；洼地则相反，如图6—4b所示。这种区别也可用示坡线表示。示坡线是垂直于等高线并指示坡度降落方向的短线。示坡线往外标注是山头，往内标注的则是洼地。

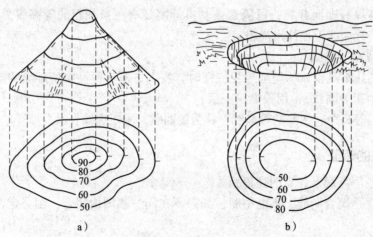

图6—4　山地和洼地等高线示意图

a）山地等高线　b）洼地等高线

（3）山脊和山谷

山顶向山脚延伸的突起部分，称为山脊，山脊上最高点的连线是雨水分水的界线，称为山脊线或分水线，如图6—5a所示。两山脊之间向一个方向延伸的低凹部分，称为山谷。山谷中最低点的连线是雨水汇集流动的地方，称为山谷线，如图6—5b所示。

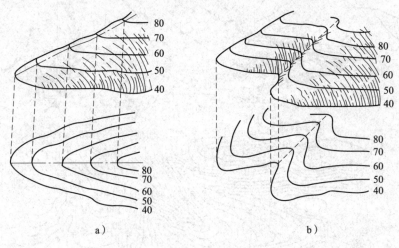

图6—5 山脊山谷等高线示意图

a）山脊线或分水线 b）山谷线

（4）鞍部

相邻两山头之间呈马鞍形的低凹部分称为鞍部，鞍部是两个山脊和两个山谷会合的地方。鞍部的等高线由两组相对的山脊和山谷的等高线组成，即在一圈大的闭合曲线内，套有两组小的闭合曲线，如图6—6所示。

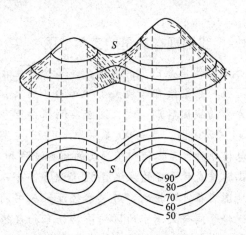

图6—6 鞍部等高线示意图

6. 综合地貌的等高线

综合地貌的等高线如图6—7所示。

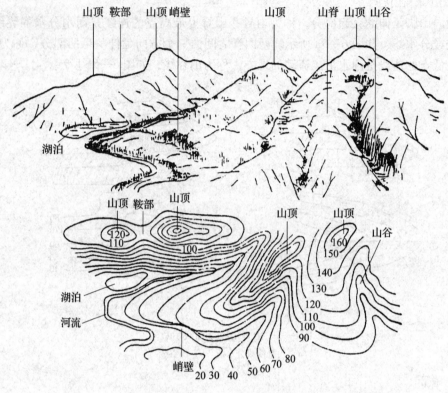

图6—7 综合地貌等高线示意图

知识拓展

我国现存最早的实物地图

　　1986年我国甘肃省天水放马滩秦墓出土的地图，是迄今为止我国发现的最早的实物地图。放马滩出土的地图共七幅，分别绘在四块大小相等的木板上。据有关专家论证，它的绘制时间为公元前300年左右的战国后期，比我国经实测保存至今的最早的传世地图——西安碑林中的《华夷图》和《禹迹图》早1300多年，比1973年湖南长沙马王堆出土的西汉图约早300年。该地图包括今甘肃天水伯阳镇西北的渭水流域和一部分放马滩周围水系。地图中有关地名、河流、山脉及森林资源的注记有82条之多。令人惊叹的是今天渭水支流及该地区的许多峡谷在该地图中都可以找到，与《水经注》一书的记载相符。图中标明的各种林木，如蓟、柏、楠、松等同今天渭水地区的植物分布和自然环境也基本相同。专家们认为，该地图的出土为我国先秦发达的地图学文献资料提供了实物佐证。

第三节 地形图的应用

一、求图上某点的坐标

大比例尺地形图上画有 10 cm × 10 cm 的坐标方格网，图廓上注有纵横坐标值，根据图上坐标方格网的坐标可以确定图上某点的坐标，如图 6—8 所示。

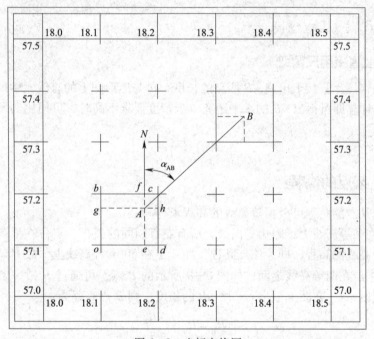

图 6—8　坐标方格网

欲求图上 A 点的坐标，首先要根据 A 点在图上的位置，确定 A 点所在的坐标方格 $abcd$，过 A 点作平行于 x 轴和 y 轴的两条直线 gh、ef，与坐标方格相交于 $ghef$ 四点，然后确定该方格西南角点 a 的平面坐标 $x_a = 57\ 200$ m、$y_a = 18\ 100$ m。再按地形图比例尺量出 $ag = 7.52$ cm，$ae = 6.85$ cm。

则 A 点的坐标为：$x_A = x_a + ag \cdot m = 57\ 200 + 0.075\ 2 \times 1\ 000 = 57\ 275.2$ m

$$y_A = y_a + ae \cdot m = 18\ 100 + 0.068\ 5 \times 1\ 000 = 18\ 168.5 \text{ m}$$

式中　m——地形图比例尺分母。

如果精度要求较高，则应考虑图样伸缩的影响，此时还应量出 ab 和 ad 的长度。设图上坐标方格边长的理论值为 l（$l = 100$ mm），则 A 点的坐标可按下式计算，即：

$$x_A = x_a + \frac{1}{a}ag \cdot m$$

$$y_A = y_a + \frac{1}{a}ae \cdot m$$

二、求图上两点间的水平距离

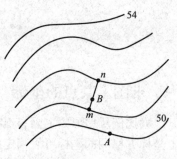

图 6—9 求两等高线间点的高程

欲求图 6—9 中 A、B 两点间的实地水平距离 D_{AB}，其方法有两种。

1. 解析法

先求出图上 A、B 两点坐标 (x_A, y_A) 和 (x_B, y_B)，然后按下式计算 AB 的水平距离，即：

$$D_{AB} = \sqrt{(x_B - x_A)^2 + (y_B - y_A)^2}$$

2. 在图上直接用尺量取

用两脚规在图上直接卡出 A、B 两点的长度，再与地形图上的直线比例尺比较，或根据 $D_{AB} = d_{AB} \cdot m$ 计算即可得出 AB 的水平距离。当精度要求不高时，可用比例尺直接在图上量取。

三、求图上某点的高程

地形图上某点的高程可根据等高线的高程求得。

1. 点位在某等高线上，因为等高线上所有点有相同的高程，点位在某条等高线上，直接查读出该等高线的高程，即为该点高程。如 A 点在 50 m 等高线上，故 $H_A = 50.0$ m。

2. 若所求点在两等高线之间，如图 6—9 所示的 B 点，可通过 B 做一条大致垂直两相邻等高线的线段 mn，在图上量出 mn 和 mB 的长度，则 B 点高程为：

$$H_B = H_m + \frac{mB}{mn}h$$

式中　H_m——m 点的高程；

　　　h——等高距。

实际求图上的某点高程时，一般都是目估 mB 与 mn 的比例来确定 B 点的高程。

四、求图上某直线的坐标方位角

如图 6—10 所示，欲求直线 AB 的坐标方位角 α_{AB}，其方法有两种。

1. 由两点坐标值反算

AB 直线的坐标方位角为：

$$\alpha_{AB} = \arctan \frac{y_B - y_A}{x_B - x_A}$$

A 点的坐标：$x_A = 57\ 275.2\ m$，$y_A = 18\ 168.5\ m$

B 点的坐标：$x_B = 57\ 350.0\ m$，$y_B = 18\ 350.0\ m$

$$\alpha_{AB} = \arctan \frac{y_B - y_A}{x_B - x_A} = \arctan \frac{18\ 350.0 - 18\ 168.5}{57\ 350.0 - 57\ 275.2} =$$

$67°36'09''$

其他象限可先求出坐标象限角，再换算成坐标方位角。

2. 用量角器直接量取

当 A、B 两点在同一幅图中时，可用比例尺或量角器，直接在图上量取距离或坐标方位角，但量得的结果比计算结果精度低。量取的方法如下：

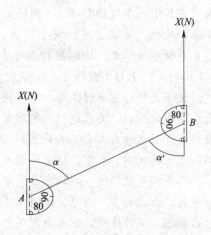

图6—10 求图上某直线的坐标方位角

过 A 点及 B 点各作平行于纵轴方向的平行线 $Ax_{(N)}$、$Bx_{(N)}$，然后将量角器中心点分别置于 A 点及 B 点，0°分划线分别对在 $Ax_{(N)}$ 线上和 $Bx_{(N)}$ 的反方向线上，直接量得 α 及 α'。

取两者平均值即：

$$\alpha_{AB} = \frac{\alpha + \alpha'}{2}$$

式中 α——AB 直线的正方位角读数；

α'——AB 直线的反方位角已减去 180°的值。

五、求图上某直线的坡度

地面直线两端点的高差与水平距离之比，称为直线的坡度，用 i 表示。

$$i = \frac{h}{D} = \frac{h}{dm}$$

式中 h——直线两端点高差；

D——直线的水平距离；

d——图上两点间的长度；

m——地形图比例尺的分母。

知识拓展

利玛窦在我国传播世界测绘、地理知识

利玛窦（1552—1610 年），意大利人。明朝万历十年（1582 年），30 岁的利玛窦受耶稣会的派遣来中国传教。利玛窦除了传教以外，还将西方的一些科学技术进行了传播，包括传播测绘和地理方面的知识。

一是绘制世界地图。他是第一个把西方的地图测绘技术和近代地图传播到中国的西方

人。万历十一年（1583年），利玛窦为了引起中国人的注意，在广东肇庆新盖的"仙花寺"内第一次把《万国全图》挂了出来。他给前来观看的人讲解，听讲的人都觉得非常新奇，想不到世界这么大。这幅图打开了人们的眼界，使中国人第一次看到了整个世界的缩影。《万国全图》上标有经纬度，绘成东、西两半球，陆地、海洋、南北极、赤道都画得比较清楚。文字说明标在地图边缘，对各地自然环境、物产、社会风貌都有介绍。肇庆知府王伟看到这幅地图后，要求刻印，利玛窦表示同意。刻印前，他又把《万国全图》放大了，重绘纬度，图名改为《山海舆地图》，图上增加了适合中国人看的注释。这就是用中文刻印的第一张世界地图。后来，这张地图不断被翻印或摹绘，流传很广。

二是测量经纬度。利玛窦在来中国途中就沿途测量经纬度，在赤道处观测南北极与地平交角。他在北京、南京、杭州、广州、西安等地测量所得的经纬度相当准确，从而能修订出新图。用经纬度定位是由利玛窦介绍给中国人的。

三是译定地名。由利玛窦的世界地图首创汉译的地名至今仍袭用的有：地球、南北极、北极圈、赤道、经纬线、亚细亚、地中海、尼罗河、罗马、古巴、牙买加、加拿大、北冰洋、大西洋等。

四是传播新地理知识。利玛窦将15世纪、16世纪航海探险中发现的新地域均绘在图上，介绍给中国，过去中国人对西洋地理知识至多仅达北非，西欧，此时已达南北美洲、非洲南部和大洋中的很多岛国。

此外，利玛窦在确定五大洲的概念和地带的划法等方面也做出了突出贡献。

思考练习题

1. 什么是地形图比例尺？地形图上如何表示比例尺？
2. 什么是比例尺精度？
3. 地物符号分为哪几种？
4. 等高线分为哪几类？
5. 什么是等高距？什么是等高线平距？
6. 已知某地形图上 A 点与 B 点的坐标值如下所示，$x_A = 5\,037.5$ m，$y_A = 4\,072.7$ m，$x_B = 8\,093.6$ m，$y_B = 9\,732.3$ m，求 D_{AB} 和 α_{AB} 的值。